中等职业教育课程创新精品系列教材

机械常识与钳工技能

（第2版）

主　编　孙树银　傅宝根

副主编　刘　军　高海波　丁　舵　吴利忠

参　编　荣云奎　霍　民　陆海宽　王洪岩

　　　　苏雪莲

主　审　万其仓

北京理工大学出版社

BEIJING INSTITUTE OF TECHNOLOGY PRESS

内容简介

本书是中等职业学校非机类专业学生必修的一门基础课程，是在中职教育阶段为学生奠定从事非机类专业所必备的机械常识和钳工技能，为学生学习后续课程打下坚实基础。本书以教育部颁布的中等职业学校《机械常识与钳工实训教学大纲》为编写依据，突出中等职业教育的特色，融入职业院校技能大赛相关赛项成果，弘扬工匠精神，强化职业素养。编者参照中等职业学校电类专业教学指导方案和相关国家标准及行业职业技能鉴定规范，贯彻落实职业教育理念，将重点内容作了概括介绍，书中采用了大量的图形和表格，做到图文并茂，理论联系生产实际，通俗易懂。全书分为理论知识篇和实训篇两部分，理论知识篇主要包括概述、机械识图、机械传动、常用工程材料和钳工基础；实训篇主要包括钳工实训和机械拆装技术。本书可供中等职业学校非机类专业使用，也可作为职工培训教材或自学用书。

图书在版编目(CIP)数据

机械常识与钳工技能 / 孙树银，傅宝根主编. -- 2版. -- 北京 : 北京理工大学出版社，2024.4(2024.11重印).

ISBN 978-7-5763-3940-6

Ⅰ.①机… Ⅱ.①孙… ②傅… Ⅲ.①机械学-中等专业学校-教材 ②钳工-中等专业学校-教材 Ⅳ.①TH11②TG9

中国国家版本馆CIP数据核字(2024)第092310号

责任编辑： 陈莉华　　**文案编辑：** 李海燕
责任校对： 周瑞红　　**责任印制：** 边心超

出版发行 / 北京理工大学出版社有限责任公司
社　　址 / 北京市丰台区四合庄路6号
邮　　编 / 100070
电　　话 / (010) 68914026（教材售后服务热线）
(010) 63726648（课件资源服务热线）
网　　址 / http://www.bitpress.com.cn

版 印 次 / 2024年11月第2版第2次印刷
印　　刷 / 定州市新华印刷有限公司
开　　本 / 889 mm×1194 mm　1/16
印　　张 / 12
字　　数 / 236千字
定　　价 / 35.00元

前言

为深入贯彻党的二十大精神和全国职业教育大会、全国教材工作要求，根据党中央、国务院《关于深化现代职业教育体系建设改革的意见》通知要求和教育部印发《职业院校教材管理办法》具体部署，突出职业教育的类型特点，深化职业教育“三教”改革，充分发挥教材建设在提高人才培养质量中的基础性作用，服务学生全面发展和经济社会发展，努力培养更多高素质技术技能人才、能工巧匠、大国工匠，组织相关专业教师和企业人员共同编写了本书。

本书主要为了培养学生对机械技术的兴趣爱好，帮助学生了解机械技术常用的认知方法，养成自主学习的习惯，提高适应社会的能力。教材注重弘扬工匠精神和劳动精神，培养学生爱党爱国、崇尚技能的品格，激发学生创新意识和创新热情，帮助学生树立质量意识、安全意识和环保意识，培养学生遵守职业道德和职业规范，养成良好的职业情感和职业素养。

本课程是中等职业学校非机类相关专业的一门基础课程。其任务是培养学生具备从事非机类相关专业工作所必备的机械常识和钳工技能，为学习后续专业课程打下基础；使非机类专业学生具备解决涉及机械方面实际问题的能力；对学生进行职业意识培养和职业道德教育，引导学生形成规范、严谨、敬业的工作作风，为今后解决生产实际问题和职业生涯发展奠定基础。

在本书的编写过程中针对非机类专业的特点，将相关机械的一些基础知识和钳工技能进行系统介绍，分为理论知识篇和实训篇两部分，理论知识篇主要包括概述、机械识图、机械传动、常用工程材料和钳工基础；实训篇以任务的形式进行呈现，主要包括钳工实训和机械拆装技术。

对于本书的学时分配建议如下表所示。

《机械常识与钳工技能》教材教学实施导程表

模块	教学章节	教学单元	建议学时数
理论知识篇	概述	机械概述	1
		机械产品的制造过程	2
	机械识图	机械识图常识	3
		机件表达方法	5
		零件图	5
		装配图	2
	机械传动	带传动	1
		链传动	1
		齿轮传动	2
		机械润滑与密封	1
	常用工程材料	常用金属材料	3
		工程塑料	1
	钳工基础	钳工入门及安全教育	2
		常用量具	2
		划线	2
		锯削	2
		锉削	3
		钻削	2
		攻螺纹	2
实训篇	钳工实训	制作四方体	2
		制作手锤	3
		锉配六角形体	3
	机械拆装技术	拆装轴承	2
		拆装变速箱	3
		拆装二维工作台	3
		拆装减速器	2
		拆装蜗轮蜗杆机构——分度转盘	2
机动			2
合计			64

在教学中应重视实践和实训教学环节，坚持“做中学、做中教”，激发学生的学习兴趣；教学中应充分利用教具、模型、实物和多媒体课件等创设生动形象的教学情境，优化教学效

果；要注意理论联系实际，注重讲练结合，还可通过组织小组合作学习、学生自主学习等形式，进行探究性教学；注重培养学生严谨、求实的工作态度和良好的职业素养；注重认识教育和现场教学，可安排学生到学校实训基地或工厂参观学习，以增强感性认识，提高教学效率；注重评价内容的整体性，注重综合素质与能力评价，注重学生爱护工具、节省材料、节约能源、规范与安全操作和保护环境等意识与观念的评价。

在教学中还应根据不同地区、不同专业和不同学生的特点，对课程教学目标和教学要求可做进一步的细化，考核与评价的标准要与教学目标相对应。另外对实训篇的技能任务可独立考核。

在知识技能的基础学习上，强调知识技能的内在逻辑性，在内容分配上，要重视知识点的相互衔接，密切关注知识点与其他专业学科的联系，培养学生利用所学知识解决实际问题的能力，更加注重培养和引导学生发现问题；以培养学生的职业素养为主线，在能力培养中要融入思政教育。在教学实施中，需要配备相应的实训场所和多媒体设备，以便进行现场教学和信息化教学，这样能让学生对知识点有较直观的认识与理解，加强学生的实训操作能力。

本书的编写人员有汶上县职业中等专业学校孙树银、刘军、高海波、丁舵、荣云奎、霍民、陆海宽、王洪岩，南京技师学院傅宝根，龙泉市中等职业学校吴利忠，山东西曼克技术有限公司苏雪莲。

该书的主编是孙树银、傅宝根，副主编是刘军、高海波、丁舵、吴利忠，参编人员有荣云奎、霍民、陆海宽、王洪岩、苏雪莲。

书中理论知识部分的概述和常用工程材料模块由荣云奎、苏雪莲负责编写，机械识图模块由丁舵、霍民负责编写，机械传动模块由高海波、王洪岩负责编写，钳工基础模块由刘军、陆海宽负责编写，书中理论知识部分的单元习题检测由傅宝根、吴利忠负责编写，实训部分中的钳工实训模块由孙树银、刘军负责编写，机械拆装技术模块由孙树银、丁舵负责编写，书中与实践相关的内容由万其仓指导和校核。

由于本书编写时间仓促，加之编写人员水平有限，教材在结构和知识的准确性上会存在不足，恳请广大师生和其他参阅本书的读者对本书提出宝贵意见。这是对我们极大的帮助，有利于我们知识水平和实践技能的提高，更有利于通过修订使教材得到完善。

另外，本书的编写得到了有关领导和同志们的大力支持，在此我们表示衷心的感谢！

编 者

目录

理论知识篇

实训篇

理论知识篇

模块一

概　　述

情境导入

说起机械，人们并不陌生。可以说，人们的生活几乎每时每刻都离不开机械。远在古代，人类为了适应生产和生活上的需要，就已知利用杠杆、滚子、绞盘等简单机械从事建筑和运输。现今，人们在日常生活和生产过程中，广泛使用着各种各样的机械，以减轻劳动强度和提高工作效能，特别是在有些场合，只能借助机械来代替人进行工作，从小小的剪刀、钳子、扳手，到计算机控制的机械设备、机器人、无人机等，机械在现代生活和生产过程中都起着非常重要的作用。机械的种类和品种很多，如汽车、数控机床、挖掘机和3D打印机等，如图1-1所示。

中国古代水车

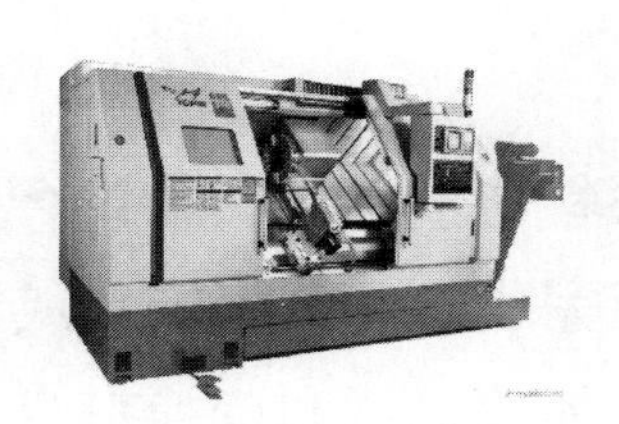

数控机床

挖掘机

3D打印机

图1-1　机械举例

思维导图 

认识机械——机械是由哪些部分组成的
单元一　机械概述——概述——小汽车是怎样生产出来的
单元二　机械产品的制造过程——机械产品的制造过程；机械制造的生产组织

单元一 机械概述

知识目标： 1. 了解认识机械的发展。
2. 理解机器的概念。
3. 理解机构、零件、部件、构件之间的相互关系。

技能目标： 1. 能够正确认识常见机械的相关类型。
2. 能够根据机器的类型进行分类。
3. 掌握机器与机构的相互关系。

素养目标： 1. 培养学生自主学习的习惯和创新意识。
2. 优化学生知识结构，丰富社会实践能力。

1.1.1 认识机械

机械是机器与机构的总称。机械能够将能量（或力）从一个地方传递到另一个地方，它是帮助人们省力或降低工作难度的工具或装置，如吃饭用的筷子、清扫卫生的扫帚，以及夹取物品的镊子等都可以称为机械，它们也是最简单的机械。复杂机械通常是由两种或两种以上的简单机械构成的。通常将比较复杂的机械称为机器。

一、机器与机构

机器是一种用来变换或传递运动、能量、物料与信息的实物组合，各运动实体之间具有确定的相对运动，可以代替或减轻人们的劳动，完成有用的机械功或将其他形式的能量转换为机械能。常见机器有变换能量的机器、变换物料的机器和变换信息的机器等，其类型及应用如表1-1所示。

表1-1 常见机器类型

类型	应用举例
变换能量的机器	电动机、内燃机（包括汽油机、柴油机）等
变换物料的机器	机床、起重机、电动缝纫机、运输车辆等
变换信息的机器	打印机、扫描仪等

图1-2所示为台式钻床，简称台钻。它是机械加工中一种常用的生产机器，主要用于孔加工，它由电动机、塔式带轮传动机构、主轴箱、立柱、钻夹头、可调工作台、底座等组成。

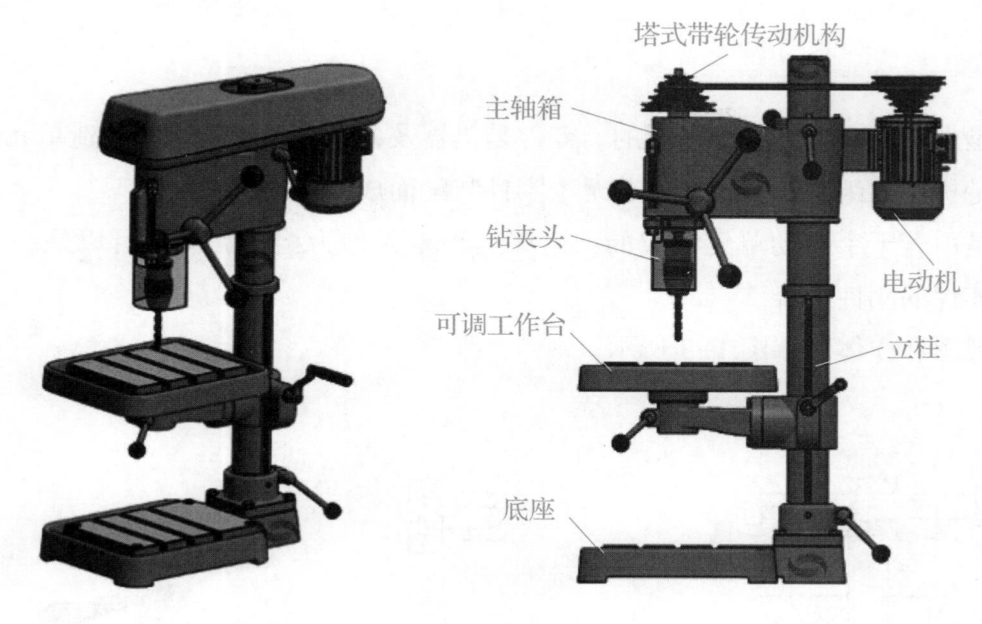

图 1-2 台钻

机器尽管多种多样、千差万别，但机器的组成大致相同，一般都由动力部分、传动部分、执行部分和控制部分等组成。台钻中，动力部分为电动机，传动部分为塔式带轮传动机构和主轴箱中的齿轮齿条进给机构，执行部分为钻头，控制部分为电源开关。钻头的旋转由电动机带动，钻头的升降通过旋转进给手柄完成。机器各组成部分的作用和应用举例如表 1-2 所示。

表 1-2 机器各组成部分的作用和应用举例

组成部分	作用	应用举例
动力部分	把其他形式的能量转换为机械能，以驱动机器各部件运动	电动机、内燃机、蒸汽机和空气压缩机等
传动部分	将原动机的运动和动力传递给执行部分的中间环节	金属切削机床中的带传动、螺旋传动、齿轮传动和连杆机构等
执行部分	直接完成机器工作任务的部分，处于整个传动装置的终端，其结构形式取决于机器的用途	金属切削机床的主轴、滑板等
控制部分	显示和反映机器的运行位置和状态，控制机器正常运行和工作	机电一体化产品（例如数控机床、机器人）中的控制装置等

机构是具有确定相对运动的实物组合，是机器的重要组成部分。如图 1-2 所示台钻中包含了多种机构，如塔式带轮传动机构使电动机的动力和旋转运动传递给主轴，从而带动钻头旋转，齿轮齿条进给机构实现了钻头的上下运动。

二、零件、部件与构件

①机器是由若干个零件装配而成的。零件是机器及各种设备中最小的制造单元。

②部件是机器的组成部分，是由若干个零件装配而成的。

③机器是由若干个运动单元组成的，这些运动单元称为构件。构件可以是一个零件，也可以是几个零件的刚性组合。

拆卸器视图和立体图如图 1-3 所示。

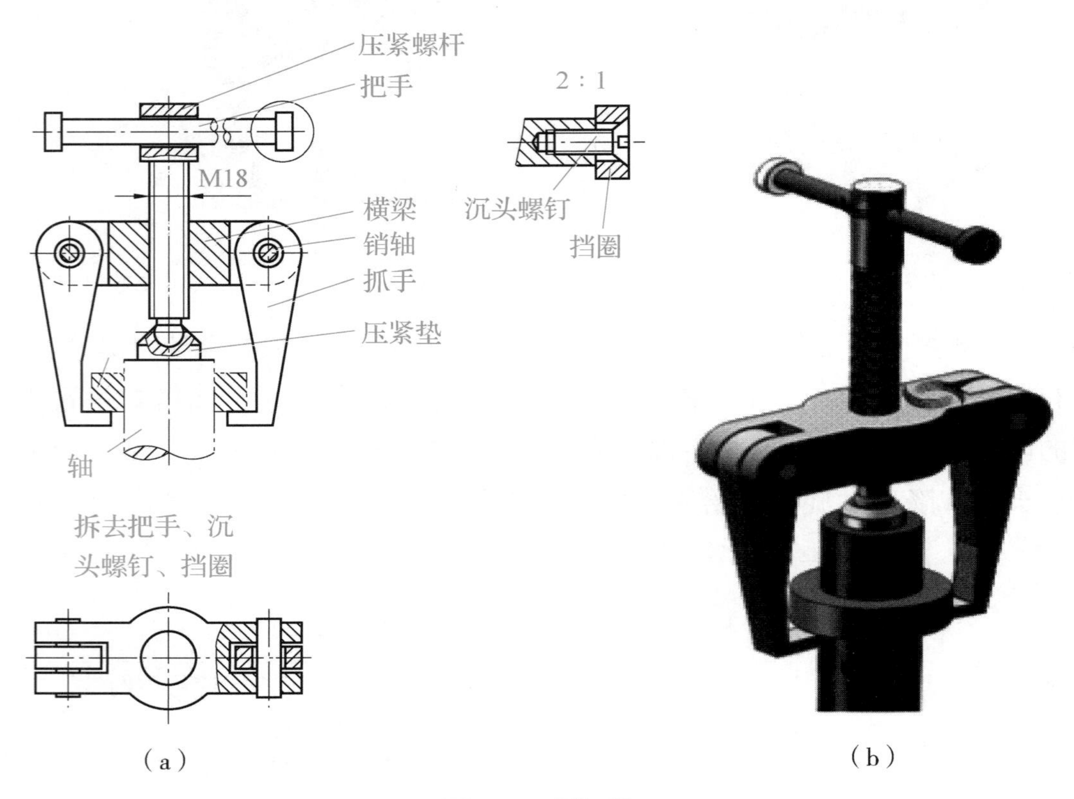

图 1-3　拆卸器

（a）视图；（b）立体图

三、机械在社会发展中的作用

机械是社会发展文明程度的标志和助推器。机械工业是为国民经济提供装备的基础产业，将随着科学技术的发展而发展。在国民经济的各个领域中，其发展水平均与机械的科技水平相适应。同时，某些机械的发明和完善，又会导致新技术和新产业的出现和发展。例如，大型动力机械的制造成功，促进了电力系统的建立；机车的发明促使铁路工程和铁路事业的兴起；内燃机、燃气轮机等的发明和进步，以及飞机和航天器的研制成功使航空航天事业蓬勃兴起；高压设备的发展促使许多新型合成化学工程的成功等。

单元二 机械产品的制造过程

知识目标： 1. 了解机械产品的制造过程在国民经济发展的重要地位。
2. 理解机械制造过程的定义。
3. 熟悉机械产品的主要生产过程。

技能目标： 1. 能够表达机械产品的生产过程。
2. 能根据所学内容分析任意机械产品的生产过程。
3. 掌握机械产品的工艺规程。

素养目标： 1. 使学生养成爱岗敬业的工作作风和良好的职业道德。
2. 培养学生掌握正确的学习方法，适应职业岗位变化的能力。

1.2.1 机械产品的制造过程

机械制造在国民经济中占有极其重要的地位，它为国民经济各部门提供各种必要的技术装备。加速发展我国机械制造工业，迅速提高技术水平，不断地提高各种先进装备，对国家经济的发展和社会主义建设具有十分重要的意义。

机械制造过程又可以称为机械产品的生产过程，是指从原材料到该机械产品出厂的全部劳动过程。它既包括毛坯制造、机械加工、热处理、装配、检验、试车、油漆等主要劳动过程，又包括包装、储存和运输等辅助劳动过程。随着机械产品复杂程度的不同，其生产过程可以由一个车间或一个工厂联合完成。

一、生产系统

如果以整个机械制造企业为分析研究对象，要实现企业最有效的生产和经营，不仅要考虑原材料、毛坯制造、机械加工、试车、油漆、装配、包装、运输和保管等各种要素，而且必须考虑技术情报、经营管理、劳动力调配、资源和能源的利用、环境保护、市场动态、经济政策、社会问题等要素，这就构成了一个企业的生产系统。生产系统是物质流、能量流和信息流的集合，可分为三个阶段，即决策控制阶段、研究开发阶段和产品制造阶段。

二、机械的生产过程

机械产品制造时，将原材料转化为成品的所有劳动过程，称为生产过程。制造任何一种产品（机器或者零件）都有各自的生产过程。对于机器的生产过程而言，其生产过程包括：

①生产技术准备过程，这一过程完成产品投入生产前的各项生产和技术准备。如产品设计、工艺规程的编制和专用工装设备的设计与制造、各种生产资料的准备和生产组织等方面的工作。

②毛坯的制造过程。如铸造、锻造和冲压等。

③原材料以及半成品的运输和保管。

④零件的机械加工、焊接、热处理和其他表面处理。

⑤部件和产品的装配过程。这一过程包括组装、部装和总装等。

⑥产品的检验、调试、油漆和包装等。

机械由很多零件组成，它的生产过程一般比较复杂，为了便于组织生产和提高劳动生产率，现代机械工业的发展趋势是组织专业化生产，即机器的生产往往不是在一个工厂内单独完成的，而是由许多工厂和车间联合起来共同完成的。例如，汽车的生产过程就是包括玻璃、电气设备、仪表、轮胎、发动机等协作工厂以及汽车总装厂等单位的劳动过程的总和。生产过程既可以指整合机器的制造过程，也可以指某一部件或零件的制造过程。一个工厂将进厂的原材料制成该厂产品的过程即为该厂的生产过程，它又可以分为若干个车间的生产过程。如图1-4举例汽车的生产过程。

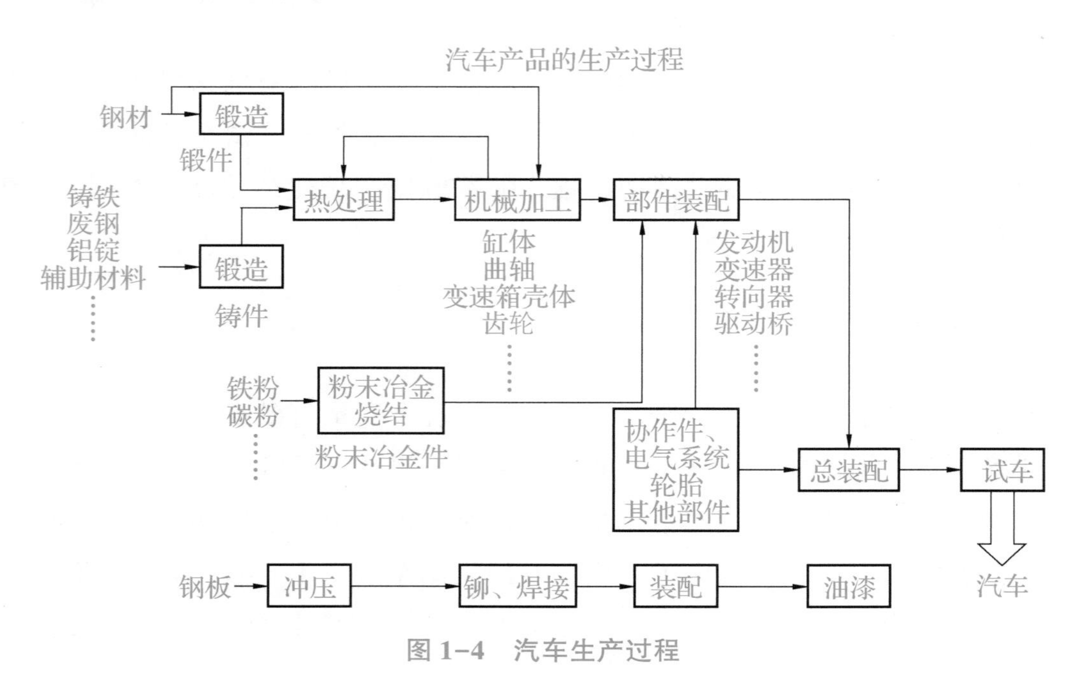

图1-4 汽车生产过程

三、工艺过程

在机械产品的生产过程中，与原材料变为成品直接有关的过程，如机械加工、热处理、装配等，称为工艺过程。包括以下四个过程。

①毛坯制造工艺过程。

②机械加工工艺过程：采用机械加工的方法，直接改变毛坯的形状、尺寸和质量，使之成为零件的过程。

③热处理工艺过程。

④装配工艺过程。

1.2.2 机械制造的生产组织

一、生产纲领

生产纲领是指企业在计划期内应当生产的产品产量。零件在计划期一年中的生产纲领 N 可按下式计算。

$$N = Qn(1 + a\% + b\%)$$

式中：Q——产品的年生产纲领，单位：台/年；

n——每台产品中所含零件的数量，单位：件/台；

$a\%$——备品率，对易损件应考虑一定数量的备品，以供用户修配的需要；

$b\%$——废品率。

二、生产类型及其工艺特征

生产类型是指企业（或车间、工段、班组、工作地）生产专业化程度的分类。一般分为大量生产、成批生产、单件生产。

1. 单件生产

基本特点：产品品种繁多，每种产品仅制造一个或少数几个，且很少再重复生产。

一般采用通用机床和标准附件，极少用专用夹具，靠划线等方法保证尺寸精度。加工质量及生产率主要取决于工人的技术熟练程度。

2. 成批生产

基本特点：一年中分批地生产相同的零件，生产呈周期性重复。又分小批、中批和大批三种类型。

既可以采用通用机床和标准附件，也可以采用高效率机床和专用工艺装备。对工人操作技术水平较单件生产的低。

3. 大量生产

指在机床上长期重复地进行某一零件或某一工序的加工。例如中国古代水利机械、拖拉机、轴承等的制造。

广泛采用机床、自动机床、自动生产线及专用工艺装备。自动化程度高，对工人要求较低，但对机床进行调整的工人的技术水平要求较高。

单元习题检测

一、填空题

1. 机器是__________与__________的总称。

2. 零件是机器最小的__________。

3. 机器制造过程包括__________、__________、__________、__________、检验、试车、油漆等主要劳动过程。

4. 生产类型一般分为__________、__________、__________三种类型。

二、选择题

1. (　　)是用来减轻人的劳动，完成做功或者转换能量的装置。

A. 机器　　B. 机构　　C. 构件

2. 转换能量的机器是(　　)。

A. 电动机　　B. 打印机　　C. 起重机

3. 在台式钻床中，电动机属于(　　)部分，钻头属于(　　)部分，电源开关属于(　　)部分。

A. 动力　　B. 控制　　C. 执行

4. 机械产品制造时，将(　　)转化为成品的所有劳动过程，称为生产过程。

A. 材料　　B. 原件　　C. 原材料

三、判断题

1. 构件都是由若干个零件组织的。(　　)

2. 机构是运动的单元，零件是制造的单元。(　　)

3. 机械制造过程是指从原材料到半成品的全部劳动过程。(　　)

4. 单件生产加工质量及生产率主要取决于工人的技术熟练程度。(　　)

四、简答题

1. 什么是机器？它有哪几种类型？试举例说明。

2. 简述生产组织类型及其工艺特征。

3. 深入社会进行观察或借助有关图书资料，了解机械制造行业的发展过程，可以举实际生产实例进行讨论。

4. 参照图 1-5 所示的汽车结构示意图，谈一谈转向器、变速器、排挡杆、制动器、发动机、油门、离合器、车轮、传动轴等分别属于机器的哪个组成部分（动力部分、传动部分、执行部分、控制部分）？

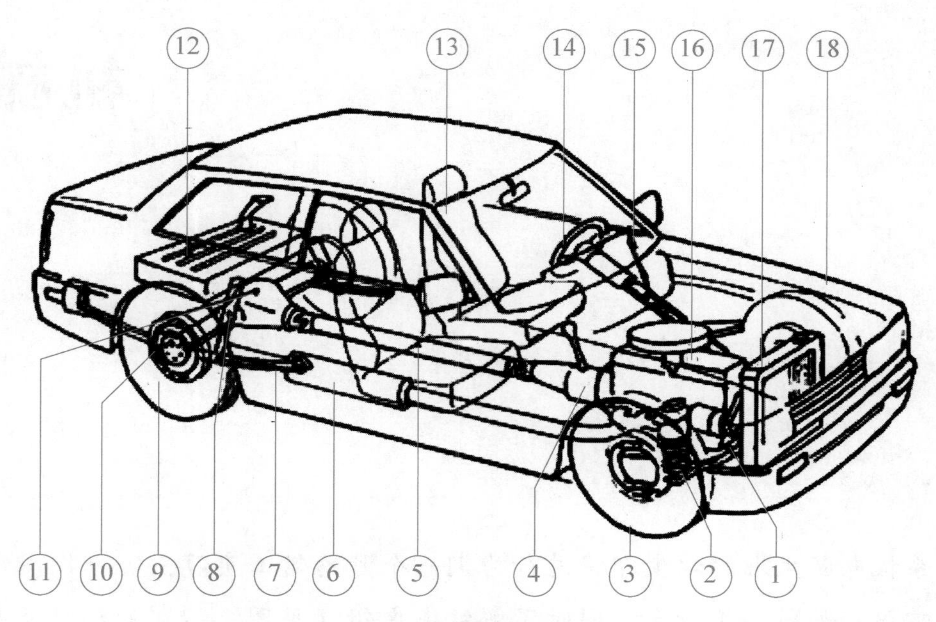

图 1-5 汽车结构示意图

1—前桥；2—前悬架；3—前车轮；4—变速器；5—传动轴；6—消声器；7—后悬架钢板弹簧；8—减震器；9—后轮；10—制动器；11—后桥；12—油箱；13—座椅；14—方向盘；15—转向器；16—发动机；17—散热器；18—车身

模块二

机械识图

情境导入

智能制造系机电新生班的学生即将进行为期一个月的钳工实习，实习期间需要同学们能结合相关制图常识，如图 2-1 所示，同时了解装夹虎钳（见图 2-2）的构造及基本原理，在此基础上完成相关基本工件（见图 2-3）的加工，为解决这一系列问题，现进行相关知识的学习。

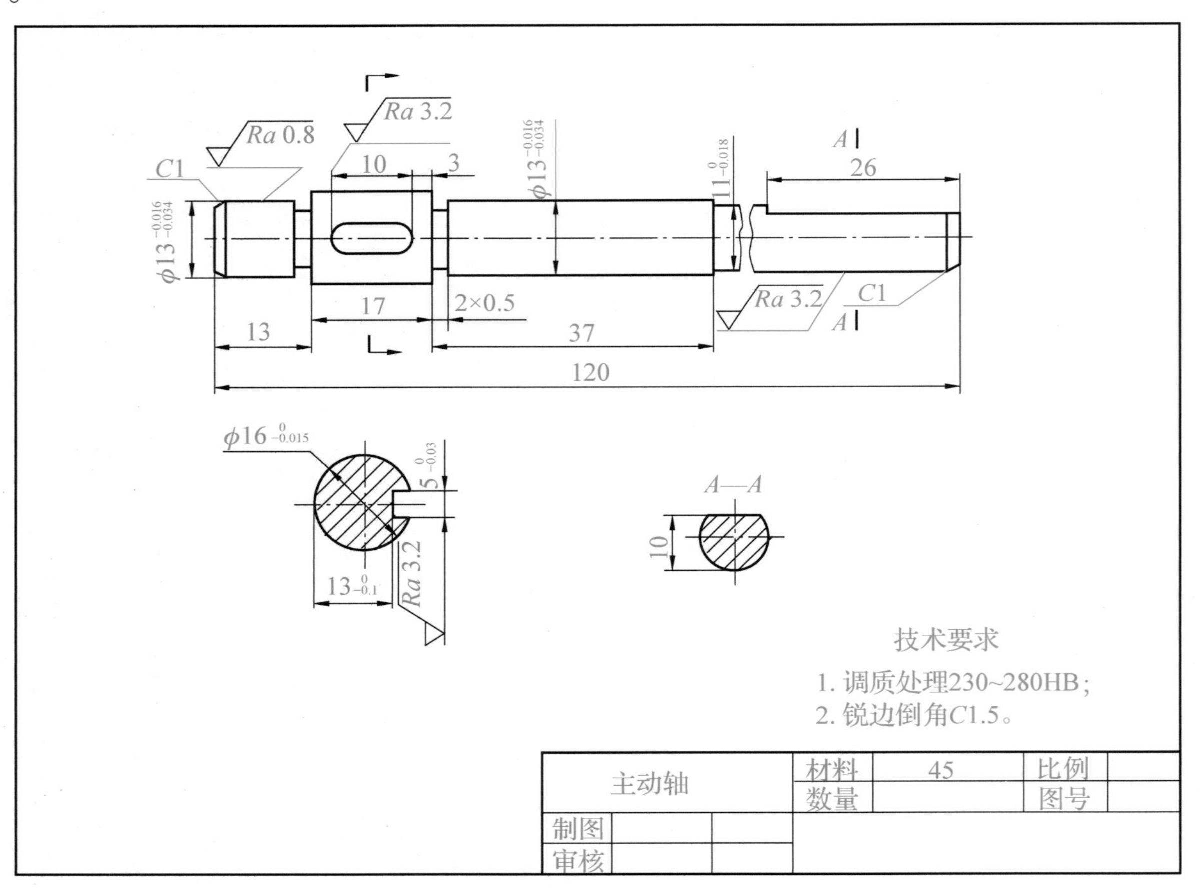

图 2-1　零件图

图 2-2 虎钳

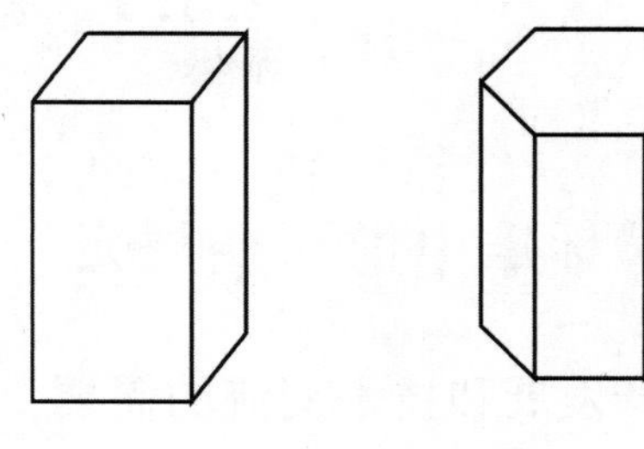

图 2-3 工件

思维导图

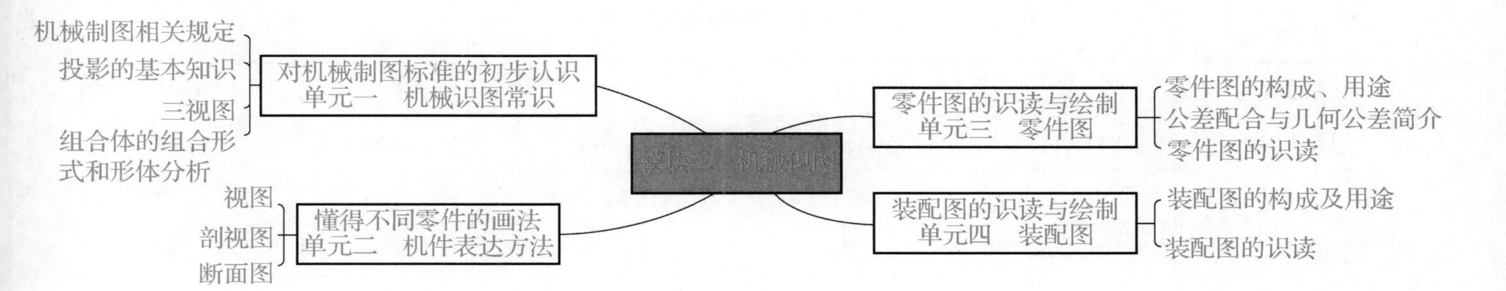

单元一 机械识图常识

知识目标：1. 了解国家机械制图标准的相关规定。

2. 可采用实物、模型、挂图及多媒体手段，了解实物与视图的对应关系及特点。

3. 了解正投影的概念，理解基本几何体的三视图，能识读简单组合体的三视图。

技能目标：初步学会运用制图基本常识绘图和识图。

素养目标：1. 培养学生严谨的制图品质。

2. 锻炼学生理论联系实践的思维。

2.1.1 机械制图相关规定

一、国家标准中的一些规定

为适应生产发展和技术交流的需要，对图样的绘制方法、绘图格式及绘图规则等作出统一的规定，为此我国颁发了相关国家标准，使其进一步向国际标准化组织靠拢，有利于工程技术的国际交流。

1. 图纸幅面和格式（GB/T 14689—2008《技术制图 图纸幅面和格式》）

基本幅面尺寸如表2-1所示，图框格式如图2-4所示。

表2-1 基本幅面尺寸

幅面代号		A0	A1	A2	A3	A4
尺寸 $B \times L$		841×1189	594×841	420×594	297×420	210×297
边框	a	25				
	c	10			5	
	e	20		10		

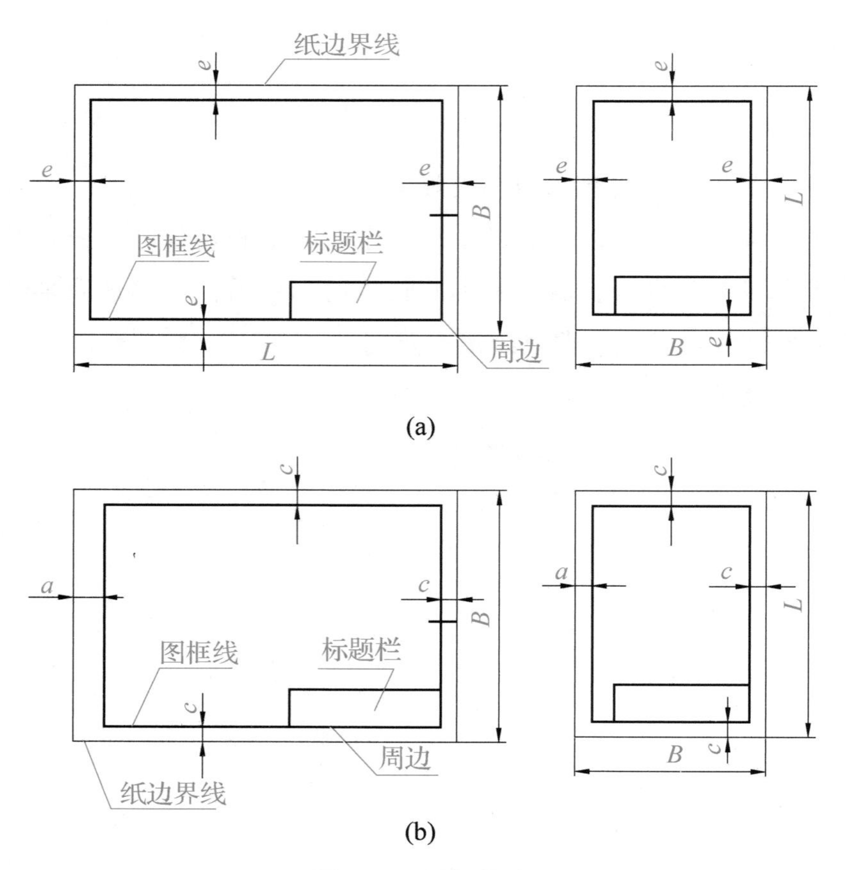

图2-4 图框格式

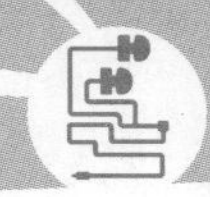

2. 标题栏（GB/T 10609. 1—2008《技术制图 标题栏》）

通常标题栏位于图框的右下角，看图的方向应与标题栏的方向一致。GB/T 10609. 1—2008《技术制图　标题栏》规定了两种标题栏格式，如图 2-5 所示是第一种标题栏的格式及分栏。

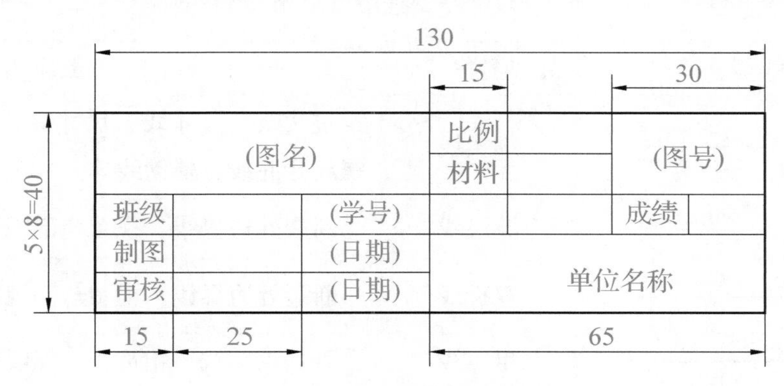

图 2-5　标题栏

3. 比例（GB/T 14690—2008《技术制图 比例》）

比例分为原值、缩小、放大三种。画图时，应尽量采用 1：1 的比例画图。必要时也可选用其他比例，图所用比例应符合表 2-2 所示。

表 2-2　比例

种类	比例	
	第一系列	第二系列
原值比例	1：1	
缩小比例	1：2　1：5　1：10　1：1×10^n 1：2×10^n　1：5×10^n	1：1.5　1：2.5　1：3　1：4　1：6 1：1.5×10^n　1：2.5×10^n　1：3×10^n 1：4×10^n　1：6×10^n
放大比例	2：1　5：1　1×10^n：1　2×10^n：1 5×10^n：1	2.5：1　4：1　2.5×10^n：1 4×10^n：1
注：n 为正整数。		

4. 字体（GB/T 14691—1993《技术制图 字体》）【板书演示作业签名字体写法】

图样上的汉字应采用长仿宋体字，字的大小应按字号的规定，字体的号数代表字体的高度。字体高度尺寸 h 为 1.8mm、2.5mm、3.5mm、5mm、7mm、10mm、14mm、20mm。写汉字时字号不能小于 3.5mm，字宽一般为 h/1.5。图样中的西文字符可写成斜体或直体，斜体字的字头向右倾斜，与水平基线成 75°，字宽一般为 h/2，如图 2-6 所示。

工匠精神是一种职业精神，它是职业道德、职业能力、职业品质的体现，是从业者的一种职业价值取向和行为表现。

ABCDEFGHIJKLM
NOPQRSTUVWXYZ
1234567890

图 2-6　铅笔手写字体示例

5. 图线（GB/T 4457.4—2002《机械制图 图样画法 图线》）

机械制图的线型及应用如表2-3所示。

表2-3 线型及应用

序号	线型	名称	一般应用
1	————————	细实线	过渡线、尺寸线、尺寸界线、剖面线、指引线、螺纹牙底线、辅助线等
2	～～～	波浪线	断裂处边界线、视图与剖视图的分界线
3	—\/—\/—	双折线	断裂处边界线、视图与剖视图的分界线
4	————————	粗实线	可见轮廓线、相贯线、螺纹牙顶线等
5	------------------	细虚线	不可见轮廓线
6	------------------	粗虚线	表面处理的表示线
7	—·—·—·—·	细点画线	轴线、对称中心线、分度圆（线）、孔系分布的中心线、剖切线等
8	—·—·—·—·	粗点画线	限定范围表示线
9	—··—··—··—	细双点画线	相邻辅助零件的轮廓线、可移动零件的轮廓线、成形前轮廓线等

二、尺寸标注（GB/T 4458.4—2003《机械制图 尺寸注法》）

1. 尺寸标注的基本规则

机件的真实大小应以图样上所注的尺寸数值为依据，与图形的大小及绘图的准确性无关；图样中的尺寸凡以毫米为单位时，不需标注其计量单位的代号或名称，否则需标注其计量单位的代号或名称；图样中所标注的尺寸，为该图样所示机件的最后完工尺寸，否则应另附说明；机件的每一尺寸，在图样上一般只标注一次，并应标注在反映该结构最清晰的图形上。尺寸标注的基本规则如图2-7所示。

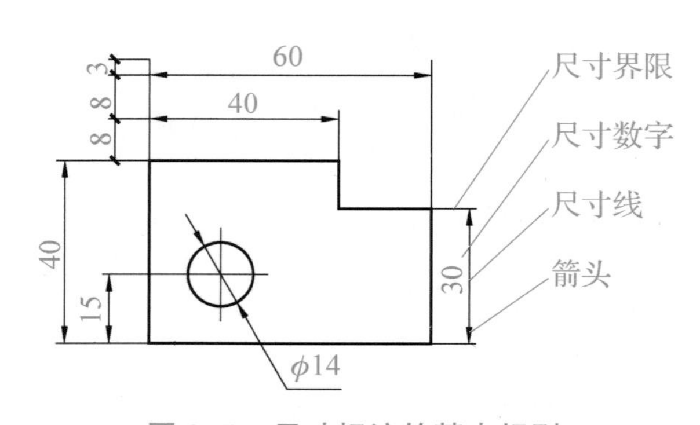

图2-7 尺寸标注的基本规则

2. 尺寸数字的注写方法

线性尺寸数字通常写在尺寸线的上方或中断处，尺寸数字如图 2-8 所示的方向注写，并尽可能避免在图示 30°范围内标注尺寸，当无法避免时应引出标注。对于非水平方向上的尺寸，其数字方向也可水平地注写在尺寸线的中断处。另外尺寸数字不允许被任何图线所通过，否则，需要将图线断开。

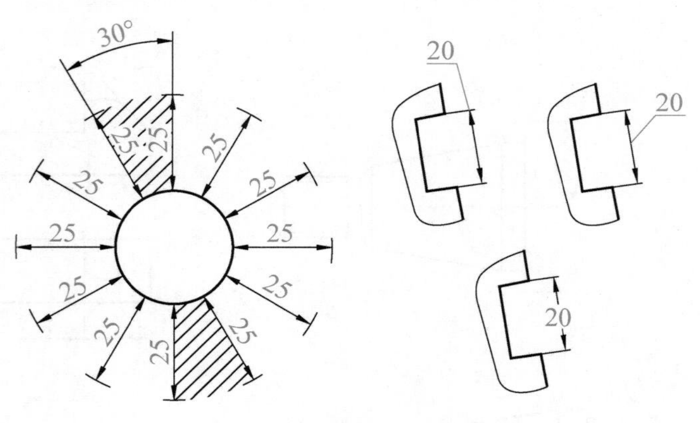

图 2-8 线性尺寸数字的方向

角度的数字一律写成水平方向，一般注写在尺寸线的中断处，也可写在尺寸线的上方，或引出标注，如图 2-9 所示。

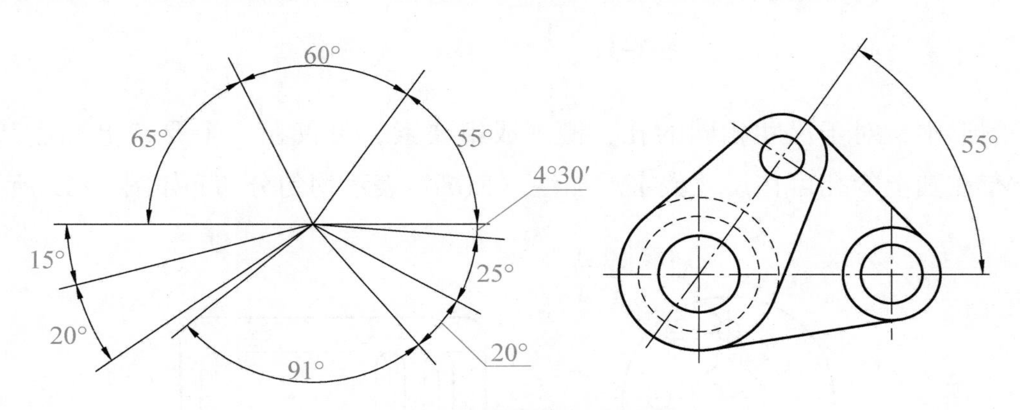

图 2-9 角度的数字注写方法

3. 尺寸标注中的符号

圆心角大于 180°时，要标注圆的直径，且尺寸数字前加“ϕ”；圆心角小于等于 180°时，要标注圆的半径，且尺寸数字前加“R”；标注球面直径或半径尺寸时，应在符号 ϕ 或 R 前再加符号“S”，如图 2-10 所示。

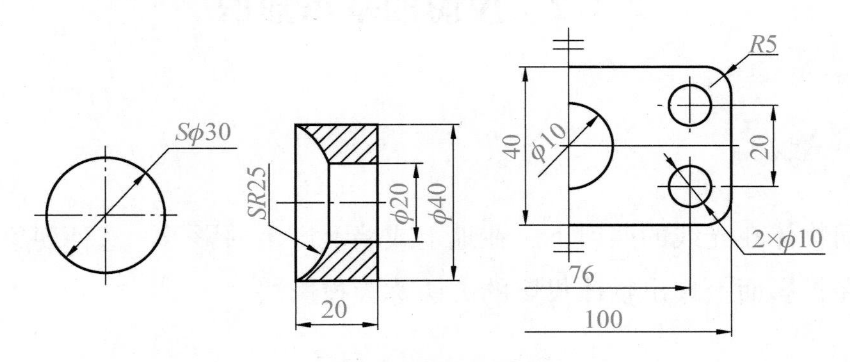

图 2-10 直径和半径符号

斜度和锥度可用如图 2-11 所示的方法标注。斜度和锥度符号的方向应与斜度和锥度的方向一致。

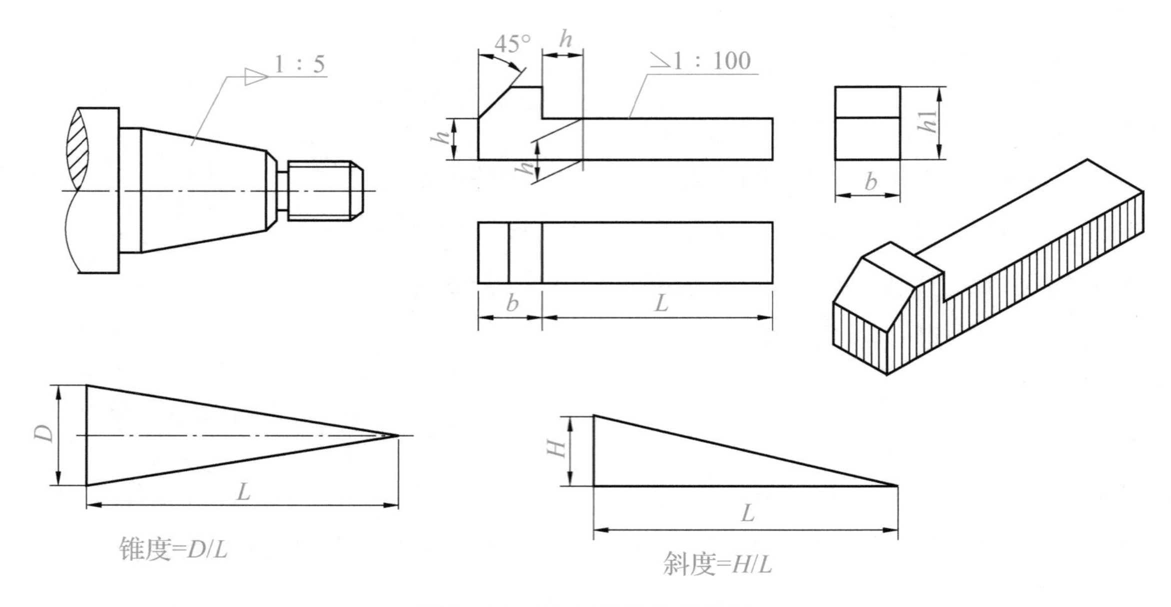

图 2-11　锥度和斜度的标注

在同一图形中，对于尺寸相同的孔、槽等成组要素，可仅在一个要素上标注其数量和尺寸，均匀分布在圆上的孔可在尺寸数字后加注“EQS”表示均匀分布，如图 2-12 所示。

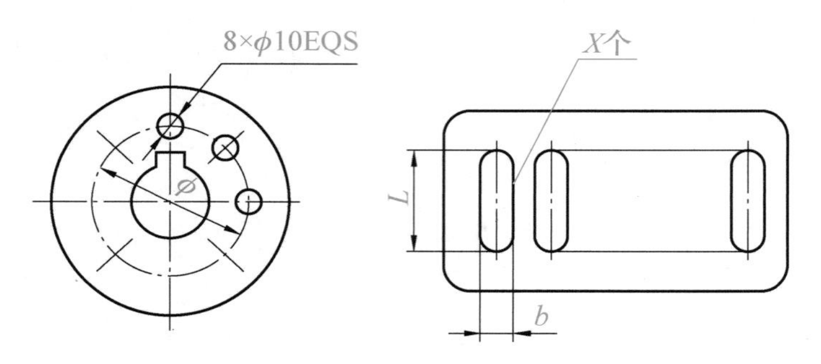

图 2-12　相同要素的尺寸标注

2.1.2　投影的基本知识

一、投影的概念

投影——空间物体在光线的照射下，在地上或墙上产生的影子，这种现象叫作投影。

投影法——在投影面上作出物体投影的方法称为投影法。

二、投影法的种类

1. 中心投影法

特性：投影大小与物体和投影面之间距离有关，如图 2-13 所示。

2. 平行投影法

特性：投影大小与物体和投影面之间距离无关，我们主要学习正投影法，如图 2-14 所示。

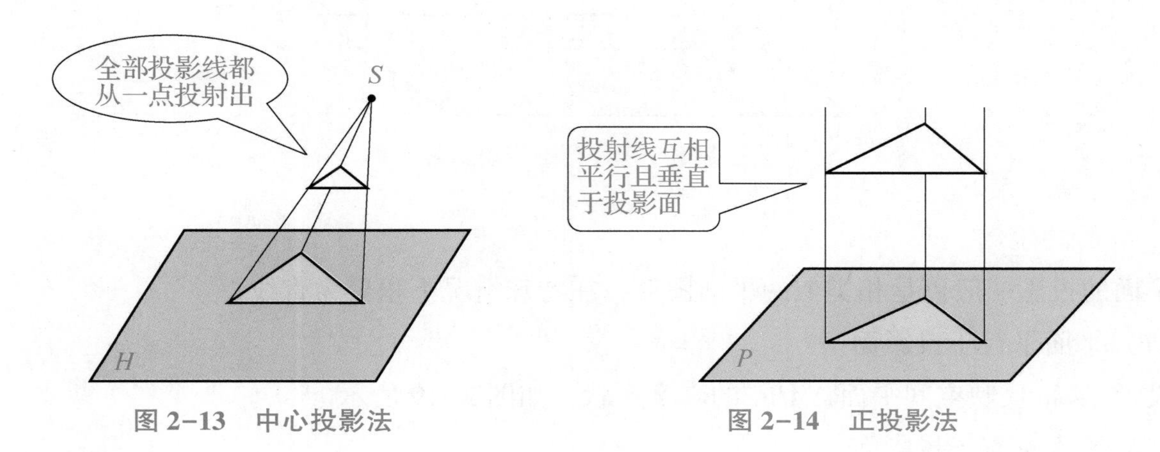

图 2-13　中心投影法　　图 2-14　正投影法

三、正投影法的主要特性

1. 点的投影

点的投影仍是一点，如图 2-15 所示。

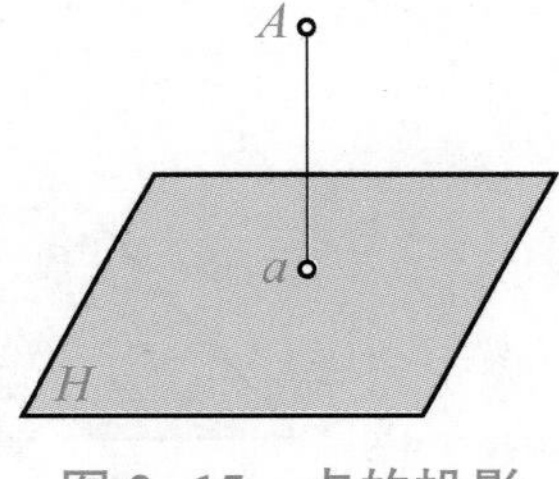

图 2-15　点的投影

2. 直线的投影

直线的投影一般情况下仍为直线，在特殊情况下积聚为一点。

（1）直线平行于投影面

在该面上的投影 ab 反映空间直线 AB 的真实长度。即 $ab=AB$，如图 2-16 所示。

（2）直线垂直于投影面

在该面上的投影有积聚性，其投影为一点，如图 2-17 所示。

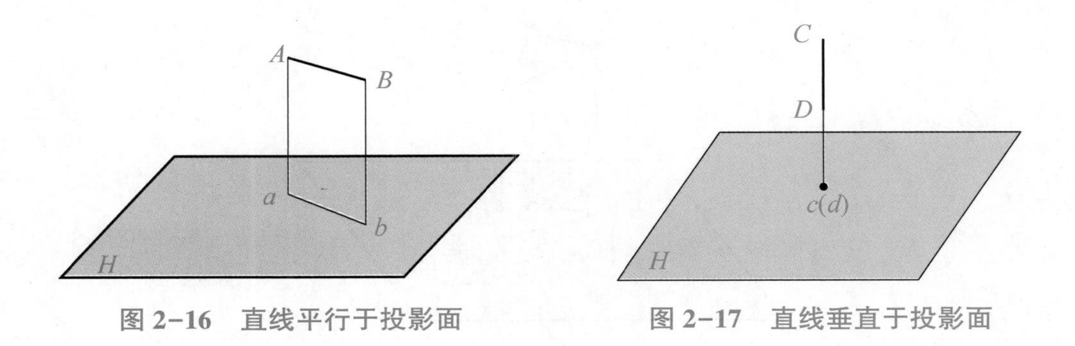

图 2-16　直线平行于投影面　　图 2-17　直线垂直于投影面

（3）直线倾斜于投影面

在该面上的投影长度变短，即 $ef=EF\times\cos\alpha$，如图 2-18 所示。

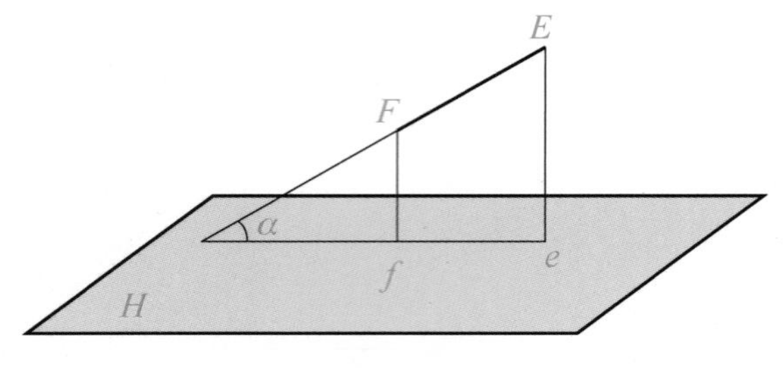

图 2-18　直线倾斜于投影面

3. 平面的投影

平面的投影一般仍是相类似的平面图形，在特殊情况下积聚为直线。

（1）平面平行于投影面

投影△abc 反映空间平面△ABC 的真实形状，如图 2-19 所示。

（2）平面垂直于投影面

在投影面上的投影积聚为直线，如图 2-20 所示。

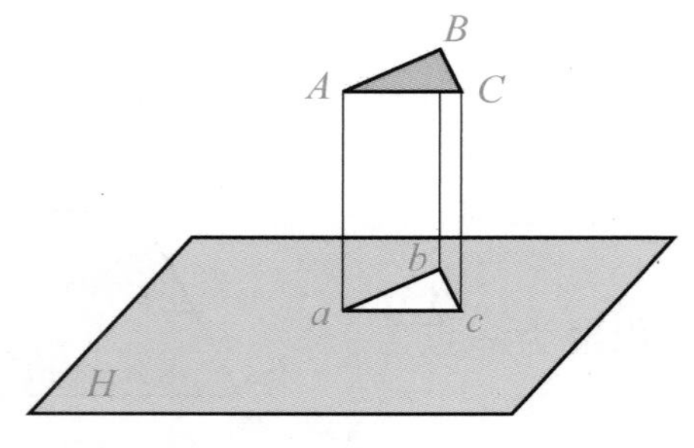

图 2-19　平面平行于投影面

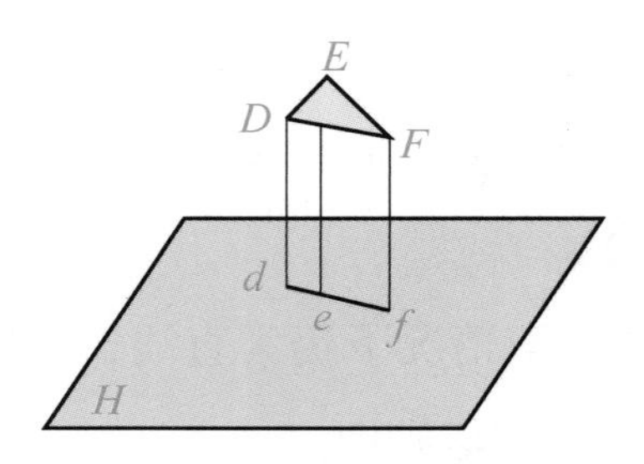

图 2-20　平面垂直于投影面

（3）平面倾斜于投影面

投影△klm 面积变小，如图 2-21 所示。

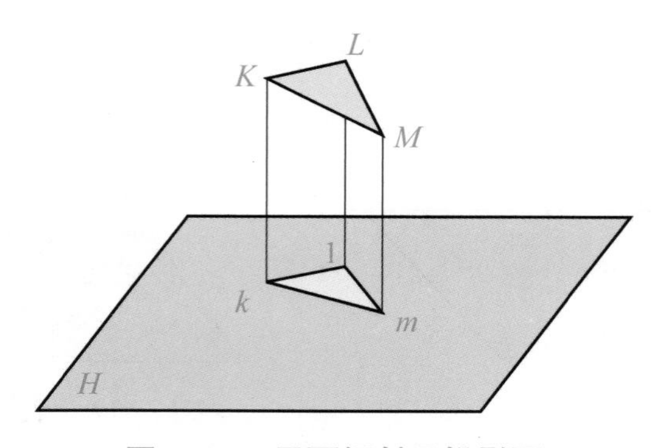

图 2-21　平面倾斜于投影面

四、物体的三面投影图

1. 三面投影图的形成

三面投影体系由三个相互垂直的投影面组成，如图 2-22 所示。

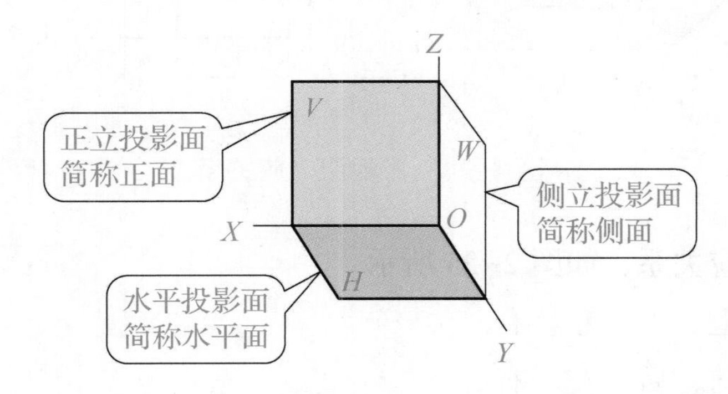

图 2-22 三面投影体系

2. 物体在三面投影体系中的投影

①正面投影——由前向后投影。

②水平面投影——由上向下投影。

③侧面投影——由左向右投影。

2.1.3 三视图

一、物体的投影——视图

物体的投影实质上是构成该物体的所有表面的投影总和。

二、三面投影与三视图

物体在三面投影体系中投影所得图形，称为三视图，如图 2-23 所示。

正面投影为主视图。

水平面投影为俯视图。

侧面投影为左视图。

三视图对应关系如图 2-24 所示。

主、俯视图长相等（简称长对正）。

主、左视图高相等（简称高平齐）。

俯、左视图宽相等且前后对应（宽相等）。

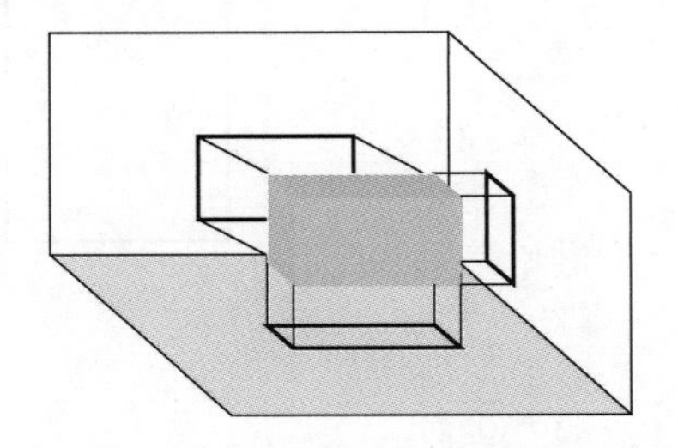

图 2-23 三视图投影体系

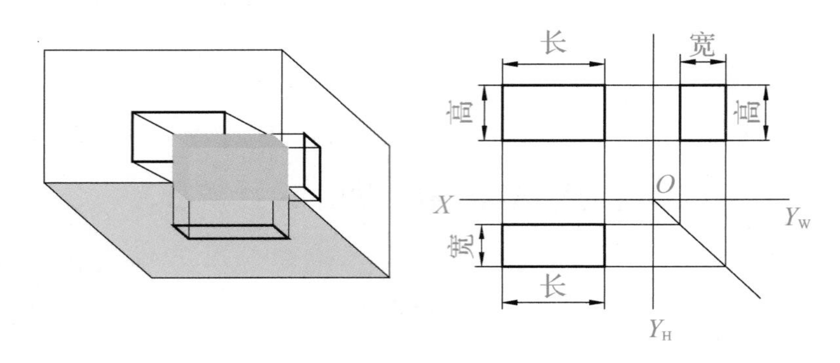

图 2-24　三视图对应关系

三视图之间方位对应关系，如图 2-25 所示。

主视图反映物体的上、下、左、右。

俯视图反映物体的前、后、左、右。

左视图反映物体的上、下、前、后。

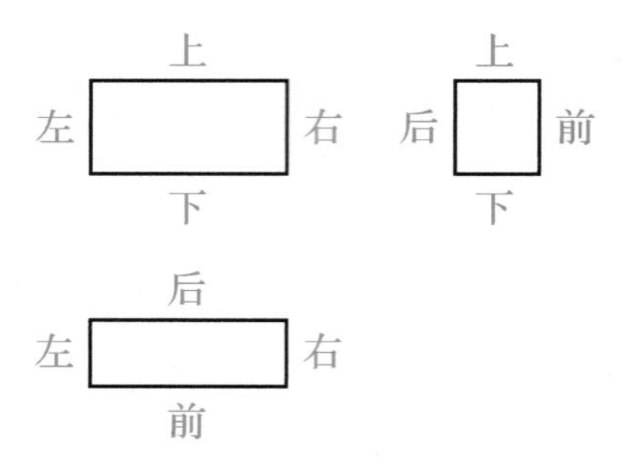

图 2-25　三视图方位图

三、平面体的投影

1. 常见的平面几何体

它们的表面都是由平面图形围成的，因此，绘制平面几何体的三视图，实质是画出组成平面几何体各表面的平面图形及交线的投影，如图 2-26 所示。

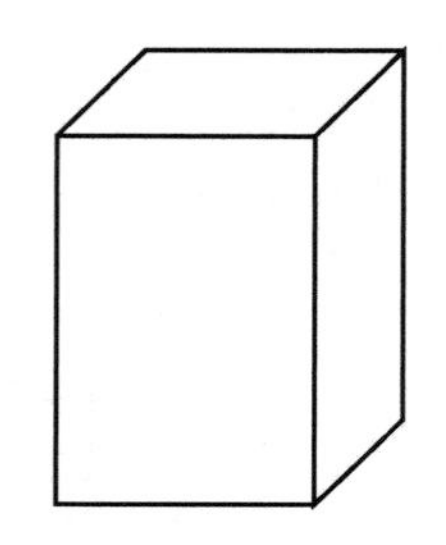

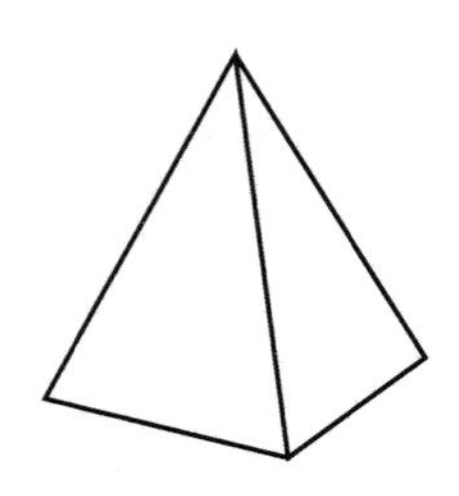

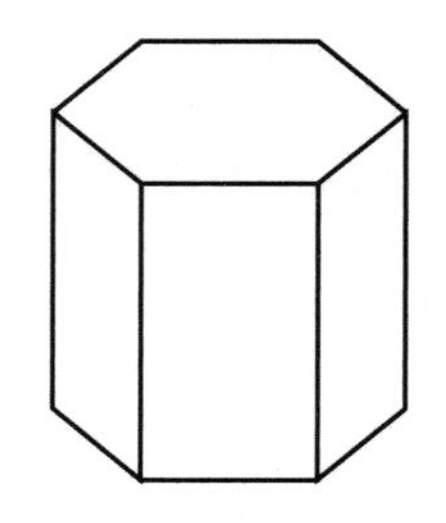

图 2-26　常见平面几何体

2. 棱柱体的投影

（1）作图

作图时先画反映底面实形的那个投影，然后再画其他两面投影，如图 2-27 所示。

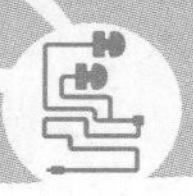

(2) 平面立体表面上的点

平面立体表面上的点与平面上取点的方法相同，要判别投影的可见性，如图 2-28 所示。

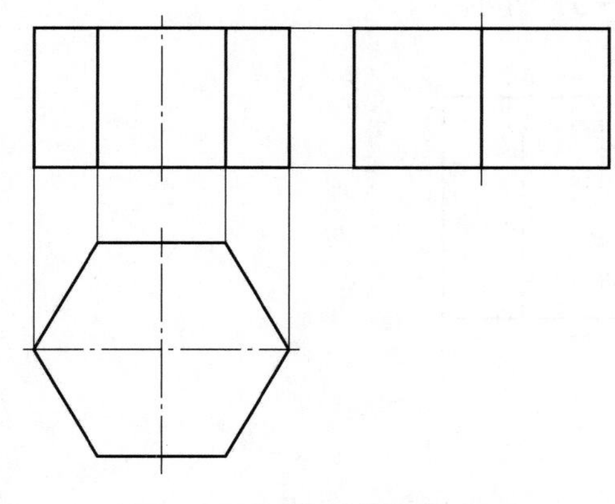

图 2-27 棱柱体三视图

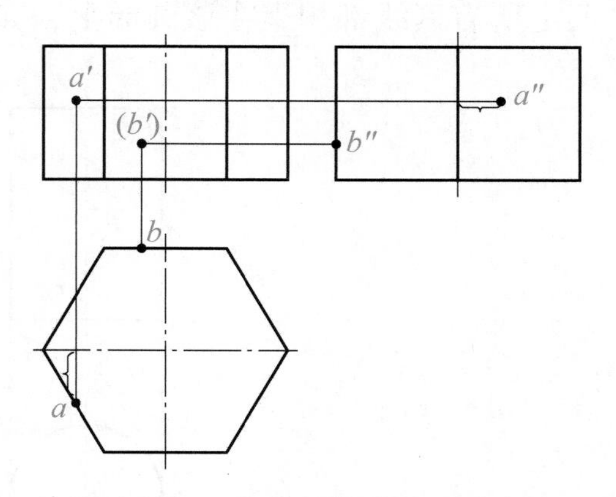

图 2-28 棱柱体点的投影

四、棱锥体的投影

表面上的点采用辅助线的方法作图，如图 2-29 所示。

①由于平面立体的棱线是直线，画平面立体的投影图时，要先画出各棱线交点的投影，然后顺次连线，并注意区别可见性。

②分析围成立体表面的平面图形的投影特性。

③平面立体投影图中的每一条线，表达的是立体表面上一条棱线或是一个有积聚性面的投影。

④平面立体投影图，都是由封闭的线框组成，一个封闭的线框一般代表着立体的某个面的投影。

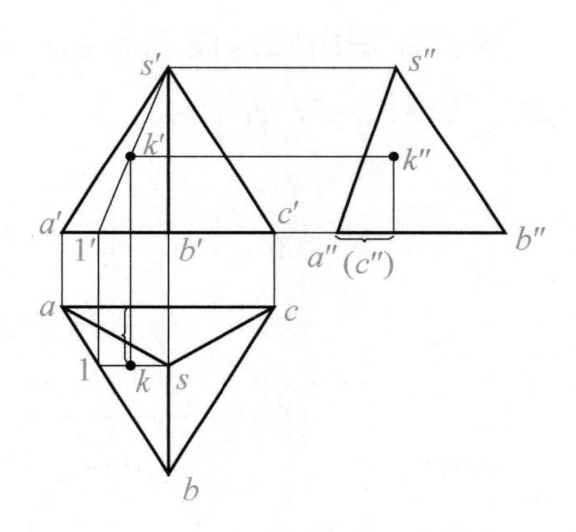

图 2-29 棱锥体点的投影

五、回转体的投影

1. 常见的回转体

回转体——一动线绕一定直线旋转而成的曲面，称为回转面。由回转面或回转面与平面所围成的立体称为回转体，如图 2-30 所示。

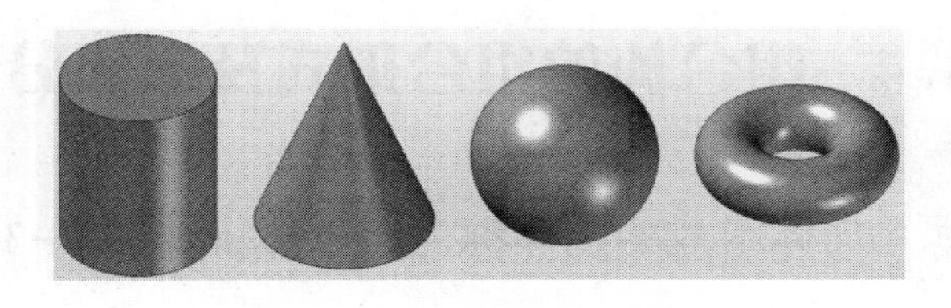

图 2-30 常见回转体

2. 圆柱体的投影

水平投影为一圆，反映顶、底圆的实形。

圆柱面上所有素线都积聚在该圆周上，如图 2-31 所示。

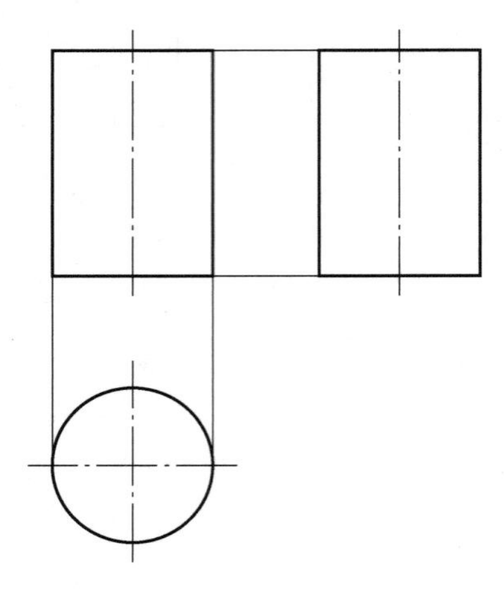

图 2-31　圆柱体点投影

3. 圆锥体的投影

圆锥体是由圆锥面和底面所围成的立体。圆锥面是一直母线绕与它相交的回转轴旋转而成的，如图 2-32 所示。

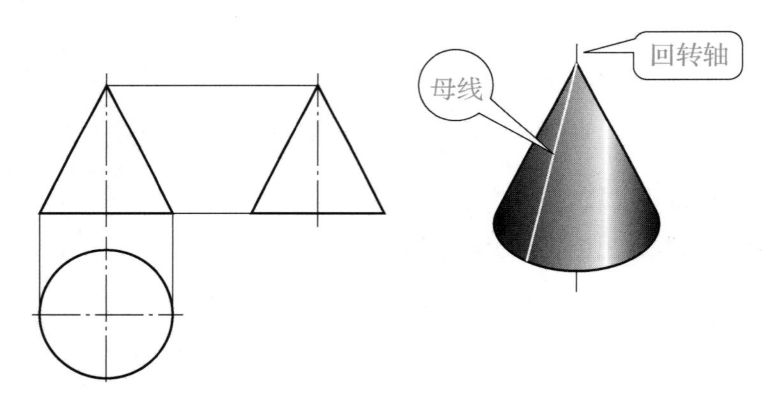

图 2-32　圆锥体点投影

4. 球体的投影

球是圆母线绕其直径回转轴旋转而成的。球的三面投影均为圆，且与球的直径相等。

2.1.4　组合体的组合形式及形体分析

组合体——由几个基本几何体组成的物体称为组合体，如图 2-33 所示。

一、组合体的组合形式

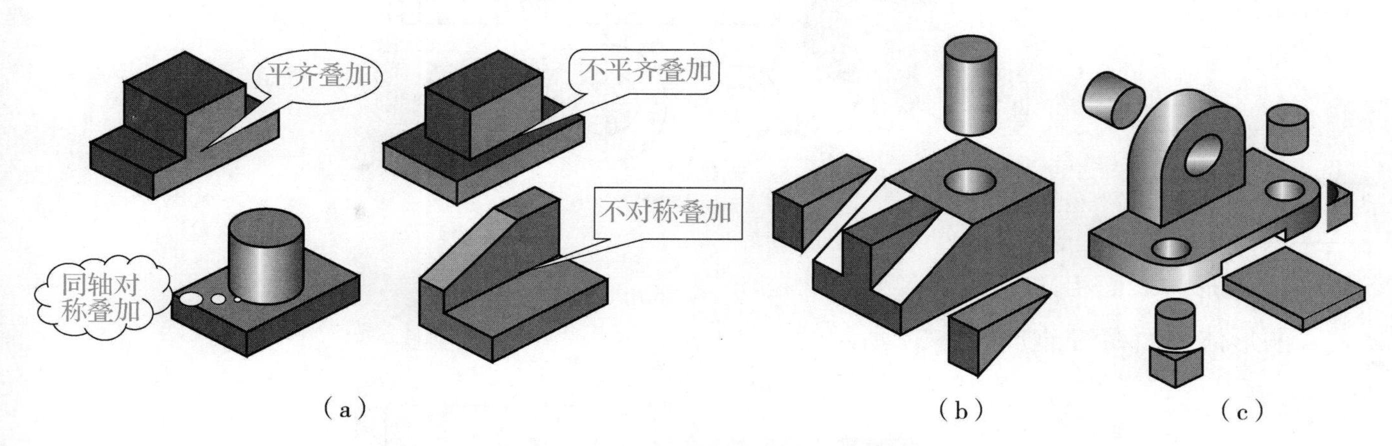

图 2-33　组合体的组合形式

（a）叠加；（b）切割；（c）混合

二、几何形体间表面的连接关系

1. 两形体表面共面

两形体表面共面，如图 2-34 所示。

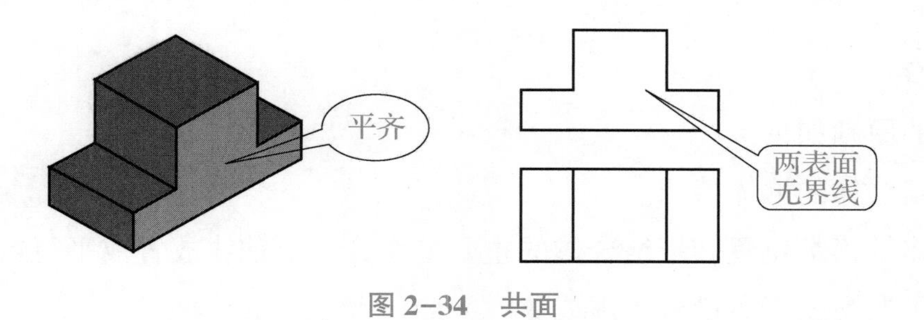

图 2-34　共面

2. 两形体表面不共面

两形体表面不共面，如图 2-35 所示。

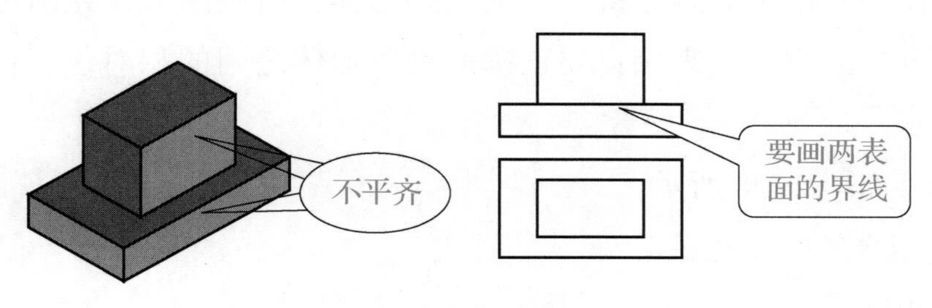

图 2-35　不共面

3. 两形体表面相交

两形体表面相交，如图 2-36 所示。

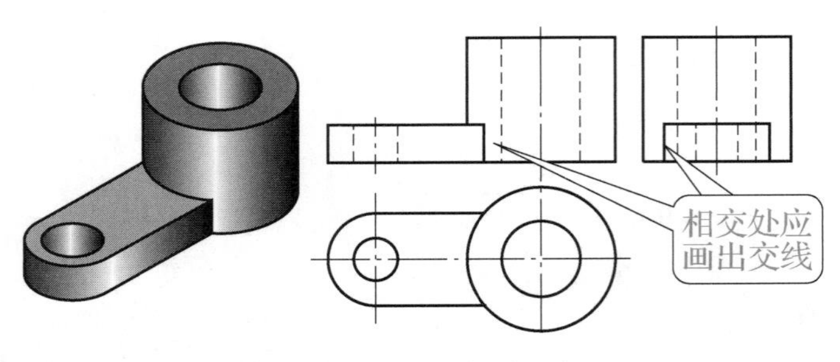

图 2-36　相交

4. 两形体表面相切

两形体表面相切，如图 2-37 所示。

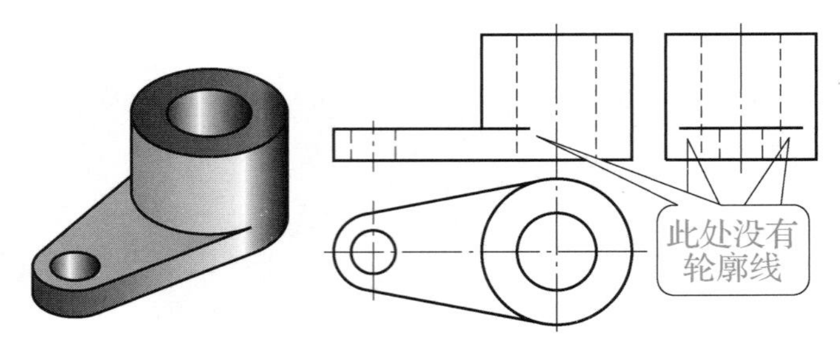

图 2-37　相切

三、组合体画法

1. 选择主视图

选择主视图的原则如下。

①最能反映组合体的形体特征。

②考虑组合体的正常位置，把组合体的主要平面或主要轴线放置成平行或垂直位置。

③在俯视图、左视图上尽量减少虚线。

2. 画图步骤

①布置视图：将各视图均匀地布置在图幅内，并画出对称中心线、轴线和定位线。

②画底稿：画图顺序按照形体分析，先画主要形体，后画细节；先画可见的图线，后画不可见的图线；将各视图配合起来画；要正确绘制各形体之间的相对位置；要注意各形体之间表面的连接关系。

③检查、描深，如图 2-38 所示。

3. 例题：画出组合体的三视图

①画中心线和基准线。

②画底板。

③画圆筒。

④画支承板。

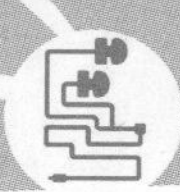

⑤画肋板。

⑥检查、描深。

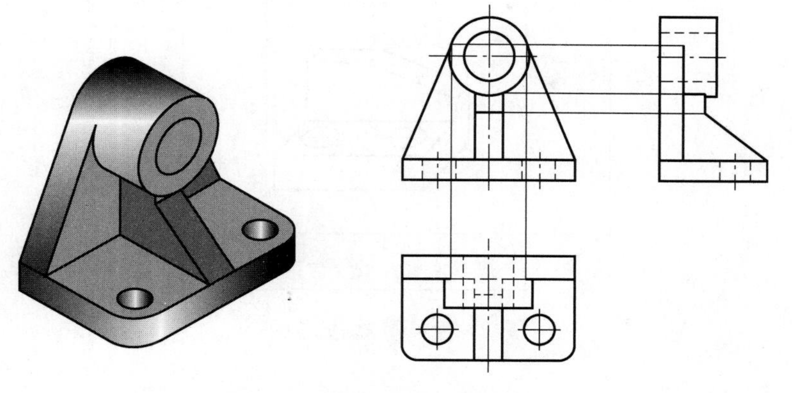

图 2-38 组合体三视图

单元二 机件表达方法

知识目标： 1. 初步掌握基本视图、斜视图、局部视图、向视图的画法。
2. 理解剖视图的概念，并且懂得如何画剖视图。
3. 掌握剖视图的类型及剖切面的剖切方法。

技能目标： 懂得使用剖视图和视图的结合，表达零件。

素养目标： 培养学生全面思维、严谨绘图的品格。

2.2.1 视 图

一、视图

主要用于表达物体可见的外部结构和形状。

视图的种类有基本视图、向视图、局部视图和斜视图。

二、基本视图

用正六面体的六个面作为六个投影面，称为基本投影面。将物体置于六面体中间，分别在各投影面上获得的正投影，称为基本视图，如图 2-39 所示。

六个投影面展开时，规定正投影面不动，其余各投影面按图示的方向，展开到正投影面所在的平面上，如图 2-40 所示。

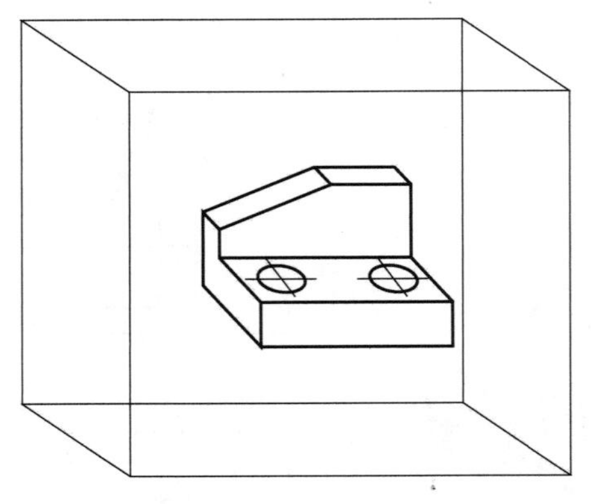

图 2-39　基本投影面

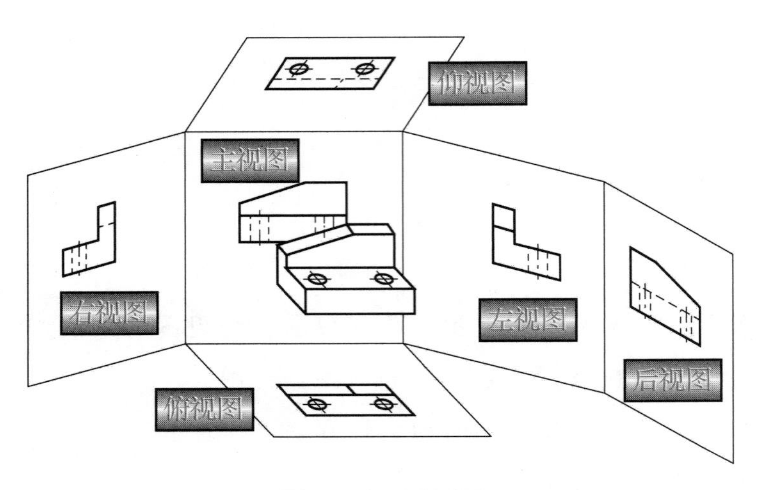

图 2-40　展开图

主视图被确定之后，其他基本视图与主视图的配置关系也随之确定，此时，可不标注视图名称，如图 2-41 所示。

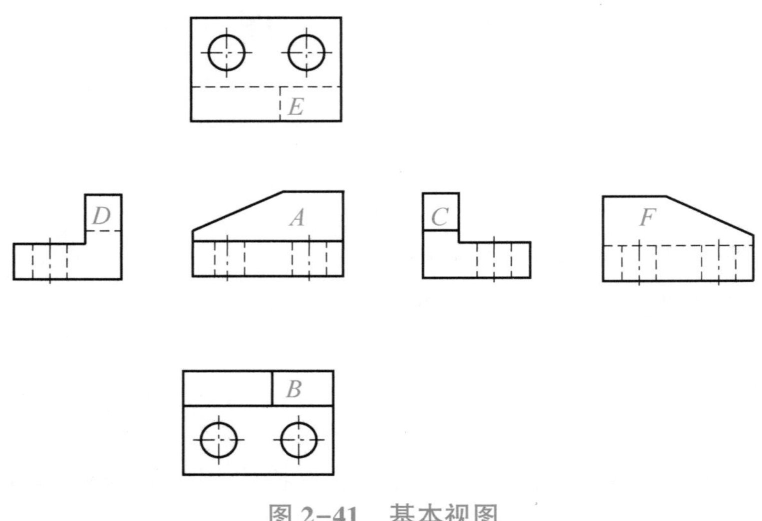

图 2-41　基本视图

三、向视图

向视图是可以自由配置的视图。向视图必须标注视图名称及投影方向，如图 2-42 所示。

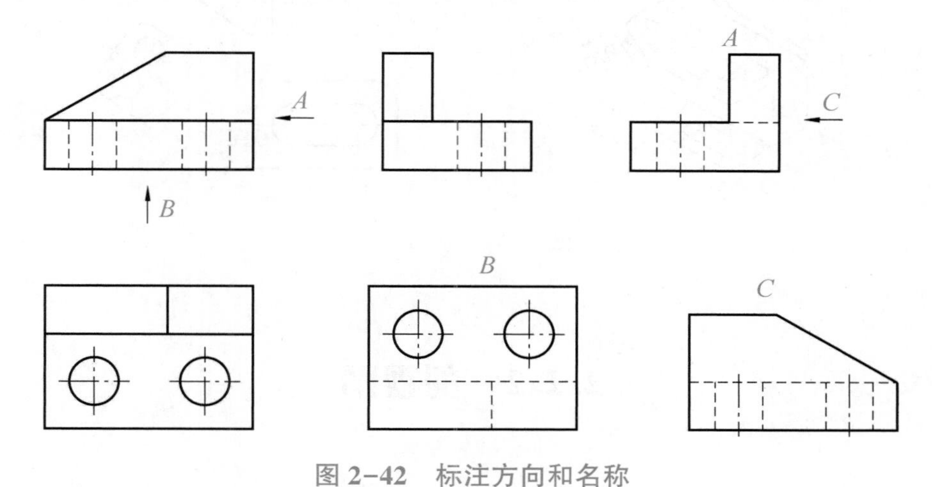

图 2-42　标注方向和名称

四、局部视图

将机件的某一部分向基本投影面投射所得的视图（即不完整的基本视图）称为局部视图，如图 2-43 所示。

画局部剖视图时，一般都需要标注。其标注方向和基本视图标注方向完全相同。当局部视图按投影关系配置，中间又没有其他图形隔开时，标注可以省略，如图 2-44 所示。

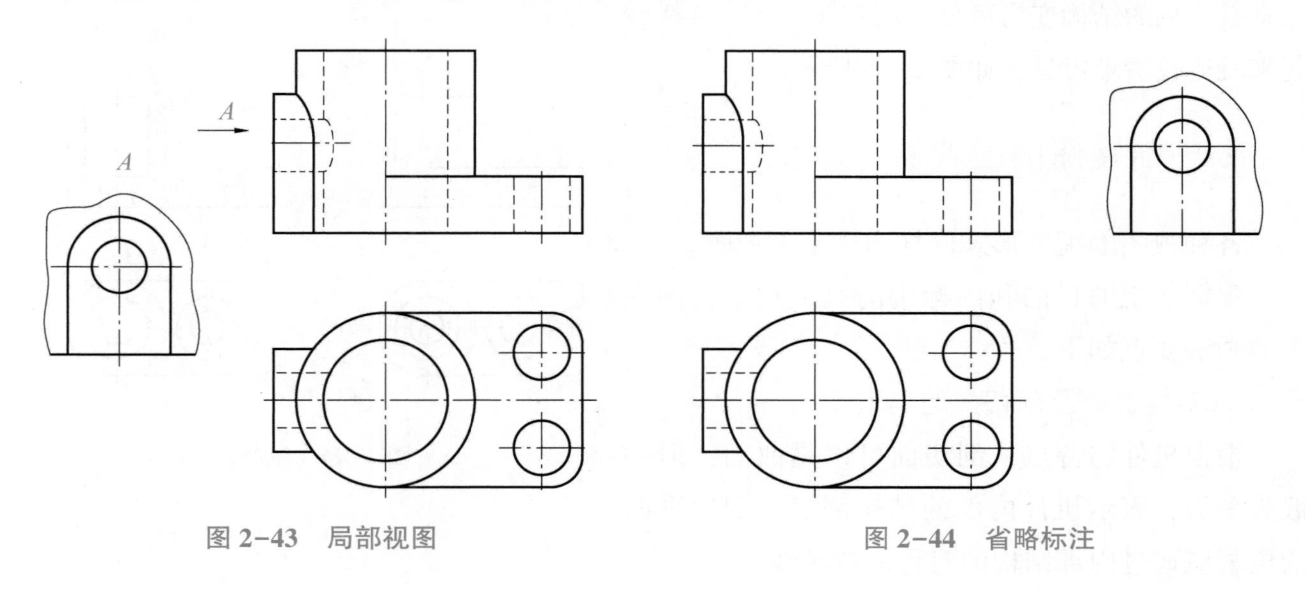

图 2-43　局部视图　　　　图 2-44　省略标注

五、斜视图

斜视图是机件向不平行于基本投影面的平面投影所得的视图，主要表达机件倾斜部分实形，如图2-45所示。

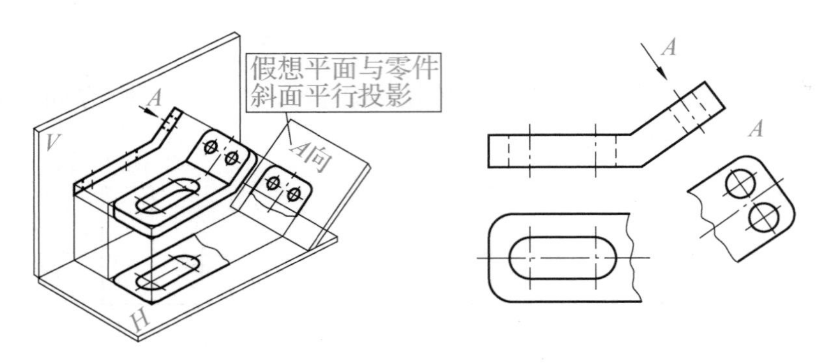

图2-45　斜视图

2.2.2　剖视图

一、剖视图的概念

假想的用剖切面剖开物体，将处在观察者和剖切平面之间的部分移去，而将其余部分向投影面投影所得到的图形称为剖视图，简称剖视。

国家标准要求尽量避免使用虚线表达机件的轮廓及棱线，采用剖视的目的，就可使机件上一些原来看不见的结构变为可见，用实线表示，这样看起来就比较清晰可见，如图2-46所示。

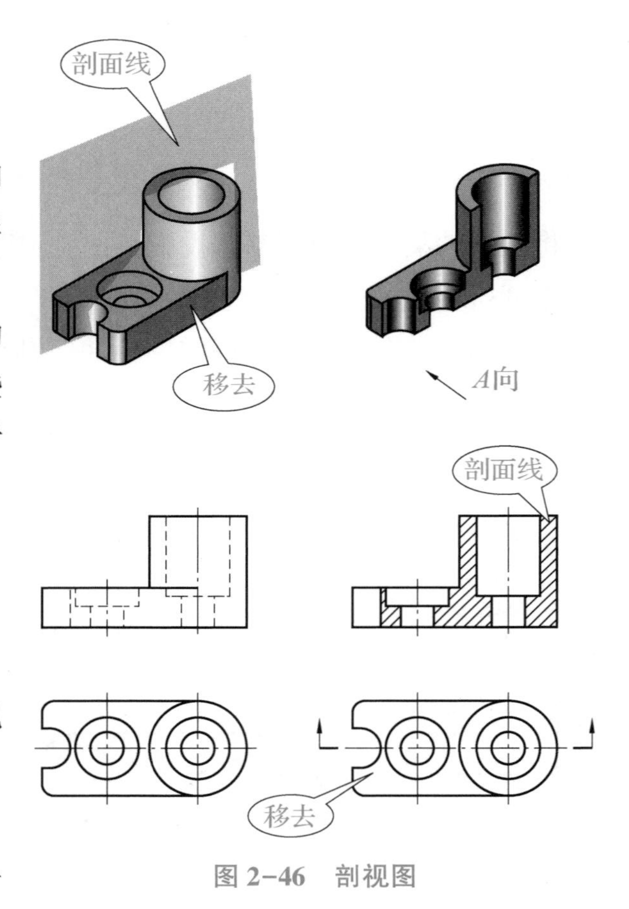

图2-46　剖视图

二、剖视图的配置

各种视图的配置形式同样适用于剖视图。

根据剖视的目的和国标中的有关规定，剖视图的画法要点如下。

1. 剖切位置及剖切面的确定

根据机件的特点，剖切面可以是曲面，但一般为平面，表示机件内部的结构剖视，剖切平面的位置应通过内部结构的对称面或轴线。

2. 剖视图的画法

（1）剖切符号

用粗短画（线宽1～1.5d）表示，用以指示剖切面的位置，并用箭头表示投影方向。

（2）剖视图

“假想”剖开投影后，所有可见的线均画出，不能遗漏。

（3）剖面符号

剖切平面与机件的接触部分（断面）画剖面线，剖面线应以适当角度的细实线绘制，最好为45°斜线，同一机件的各个视图中剖面线方向与间距必须一致。

（4）剖视图的配置与标注

剖视图名称用“×—×”表示，如图 2－47 所示。

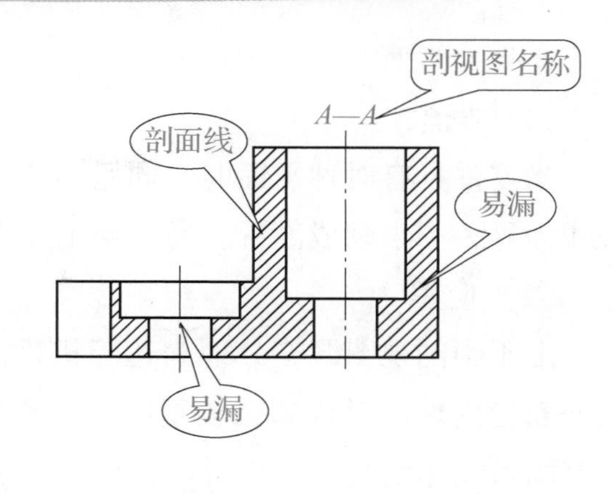

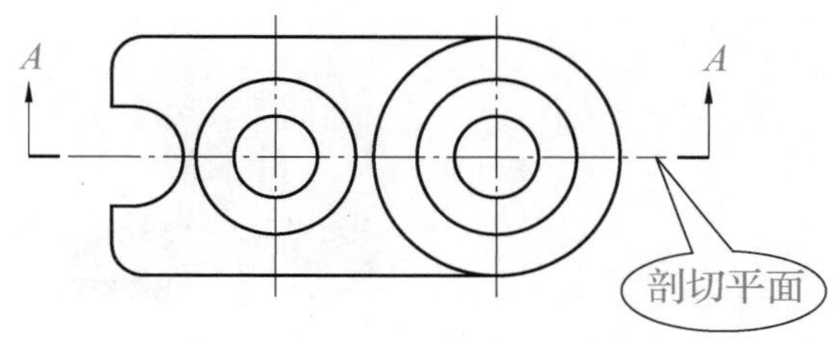

图 2–47　剖视图画法

三、剖视图的种类

按剖切的范围，剖视图可分为全剖视图、半剖视图和局部剖视图。

1. 全剖视图

（1）概念

用剖切面完全地剖开物体所得的剖视图。

（2）应用

表达内形比较复杂、外形比较简单或外形已在其他视图上表达清楚的零件。

全剖视图的作法，如图 2–48 所示。

（3）注意

因剖视图已表达清楚机件的内部结构，其他视图不必画出虚线。

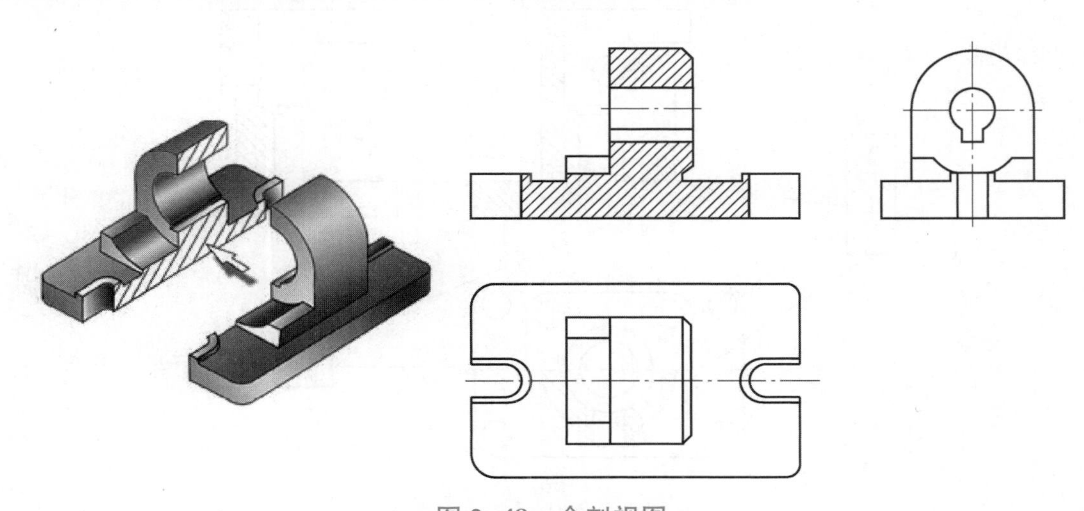

图 2–48　全剖视图

2. 半剖视图

（1）概念

当零件具有对称平面时，向垂直于对称平面的投影面上投射所得到的图形，可以对称中心线为界，一半画成剖视，另一半画成视图。

（2）应用

由于半剖视图既充分地表达了机件的内部形状，又保留了机件的外部形状，所以常采用它来表达内外部形状都比较复杂的对称机件。当机件的形状接近于对称，且不对称的部分已另有图形表达清楚时，也可以画成半剖视图，如图 2-49 所示。

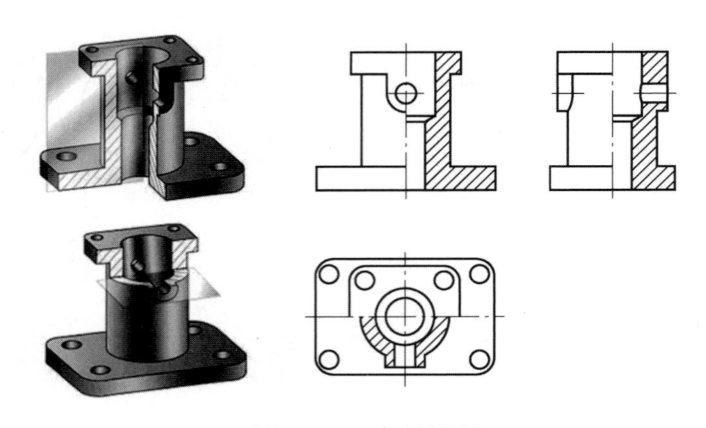

图 2-49 半剖视图

（3）注意

①视图与剖视图的分界线应是对称中心线（细点画线），而不应画成粗实线，也不应与轮廓线重合。

②机件的内部形状在半剖视图中已表达清楚，在另一半视图上就不必再画出虚线，但对于孔或槽等，应画出中心线的位置，如图 2-50 所示。

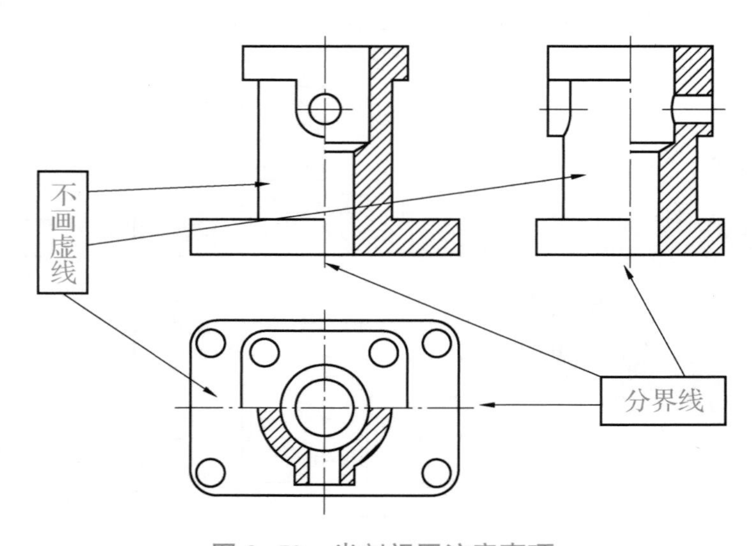

图 2-50 半剖视图注意事项

3. 局部剖视图

（1）概念

用剖切平面局部地剖开机件所得的视图。

局部剖视图的作法，如图 2-51 所示。

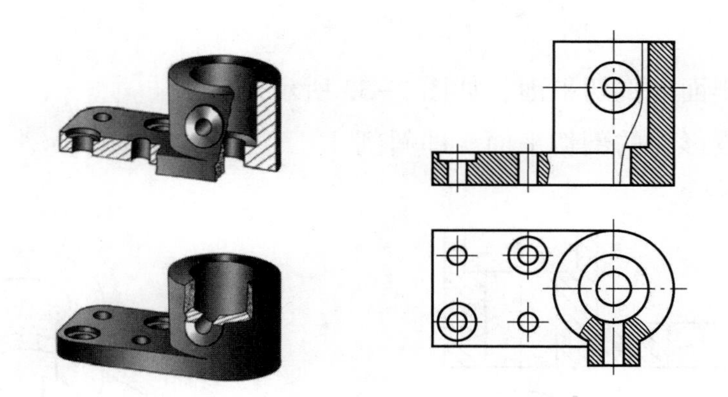

图 2-51　局部剖视图

（2）注意

①已表达清楚的结构形状虚线不再画出。

②局部剖视图用波浪线分界，波浪线应画在机件的实体上，不能超出实体轮廓线，也不能画在机件的中空处。

③波浪线不应在轮廓的延长线上，也不能用轮廓线代替，或可以与图样上其他图线重合，如图 2-52 所示。

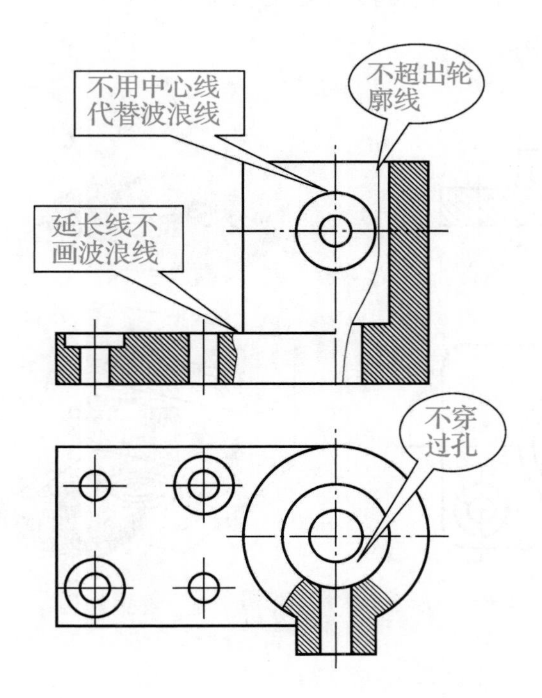

图 2-52　局部剖视图注意事项

四、剖切面

由于机件内部结构形状的多样性和复杂性，常需选用不同数量和位置的剖切面来剖开机件，才能把机件的内部形状表达清楚。

1. 单一剖切面

①平行于基本投影面的剖切平面，如图2-53所示。

②不平行于基本投影面的剖切平面，即斜剖。

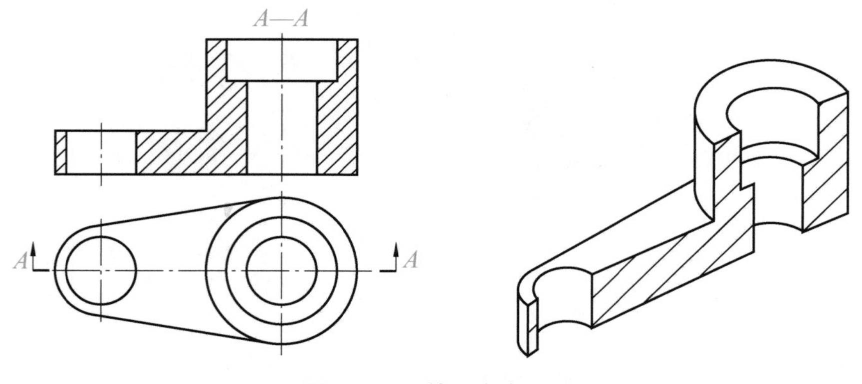

图2-53 单一剖切面

2. 几个平行的剖切平面

①必须有剖切符号表示剖切位置，在起讫和转折处注写字母，如图2-54所示。

②剖切平面是假想的，不应画出剖切平面转折处的投影。

③剖视图中不应出现不完整结构要素。

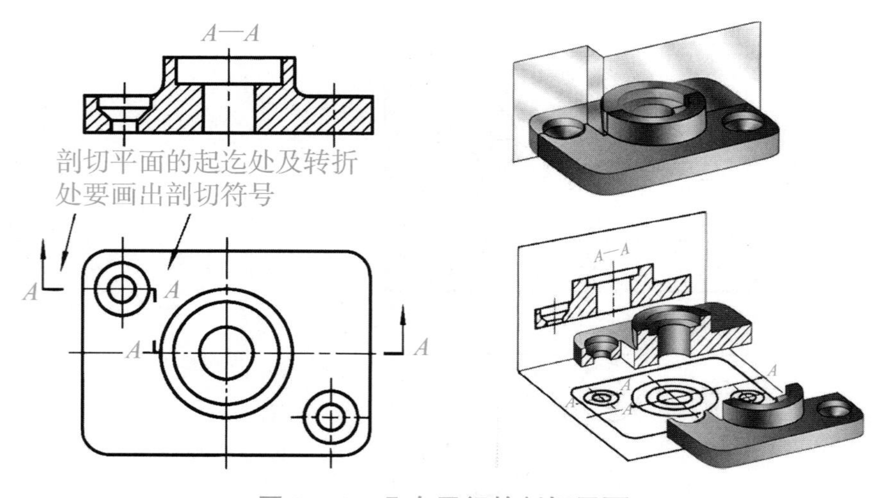

图2-54 几个平行的剖切平面

3. 几个相交的剖切面（交线垂直于某一投影面）

①先假想按剖切位置剖开物体。

②再将被剖切面剖开的结构及其有关部分旋转到与选定的投影面平行再进行投影，如图2-55所示。

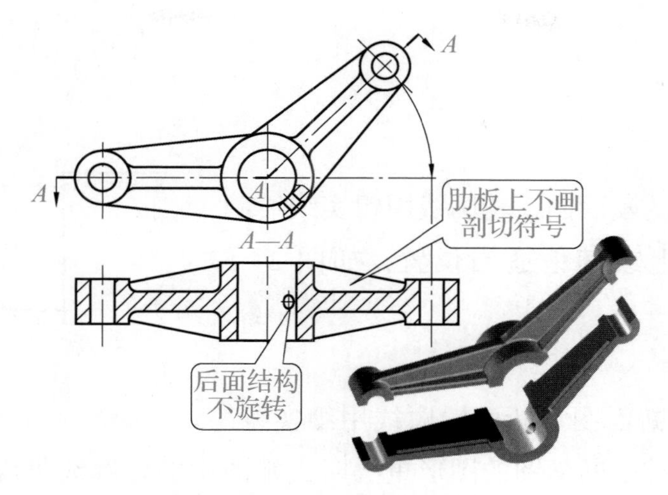

图2-55　几个相交的剖切面

2.2.3　断面图

一、概念

1. 定义

假想用剖切面将物体的某处切断，仅画出该剖切面与物体接触部分的图形，称断面图。

2. 作用

用来表示物体上某一局部的断面形状。

3. 与剖视图区别

与剖视图的区别如图2-56所示。

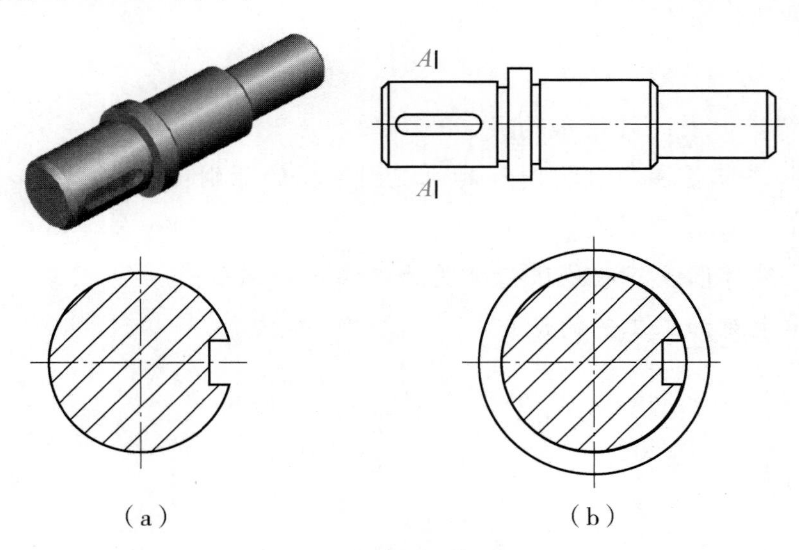

图2-56　与剖视图区别

（a）断面图；（b）剖视图

断面图：只画出物体被切处的断面形状。

剖视图：除了画出断面形状外，还应画出断面后可见部分的投影。

二、分类

1. 移出断面图

画在视图轮廓之外的断面图。轮廓线用粗实线绘制，放在剖切线的延长线上或其他适当位置，如图 2-57 所示。

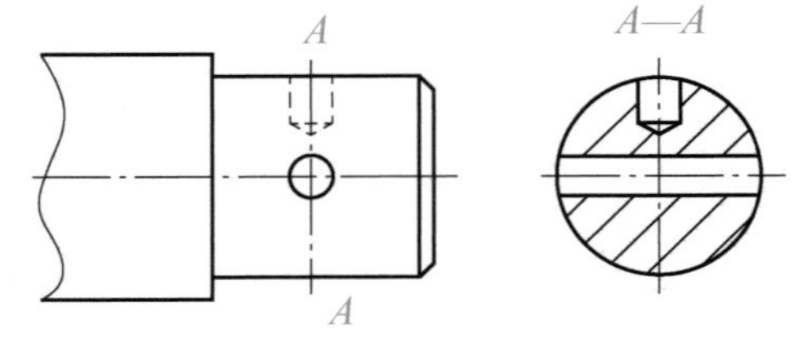

图 2-57 移出断面图

2. 重合断面图

画在视图轮廓内的断面图。断面轮廓线用细实线绘出。当视图中轮廓线与重合断面图的图形重叠时，视图中的轮廓线仍应连续画出，不可间断，如图 2-58 所示。

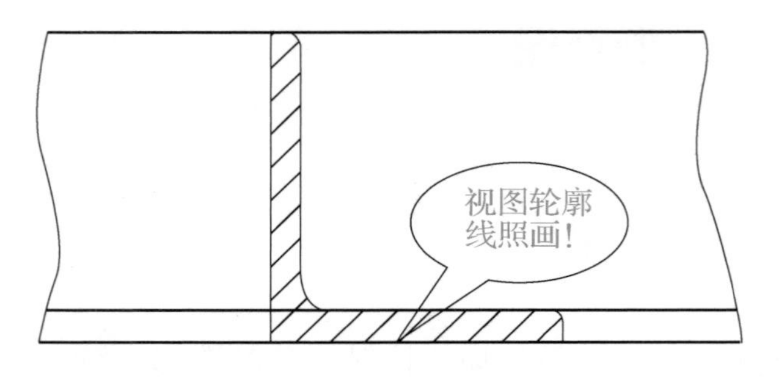

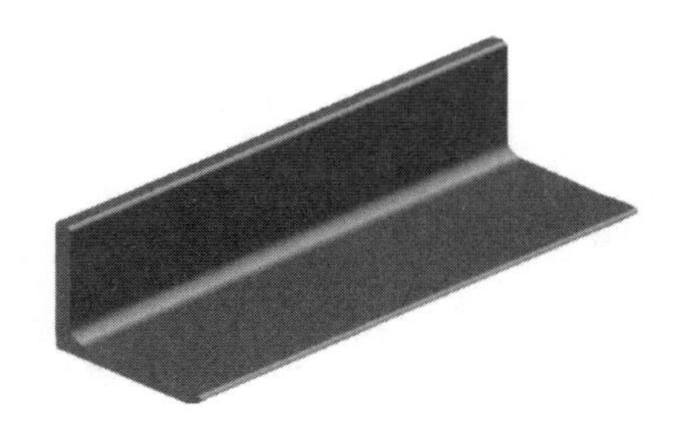

图 2-58 重合断面图

单元三 零件图

知识目标： 1. 理解零件图的作用和构成。
2. 能知道零件图中主视图和其他视图选择的原则；
3. 能正确识读零件图。

技能目标： 能结合零件图，正确地进行相关加工工艺的编制。

素养目标： 培养学生对加工工艺的认识。

2.3.1　零件图的构成和用途

零件—— 组成机器的最小单元称为零件。

根据零件的作用及其结构，通常分为轴套类、盘盖类、叉架类、箱体类。

一、零件图的作用

用于表示零件结构、大小与技术要求的图样称为零件图。它是制造零件和检验零件的依据，是指导生产机器零件的重要技术文件之一，如图 2-59 所示。

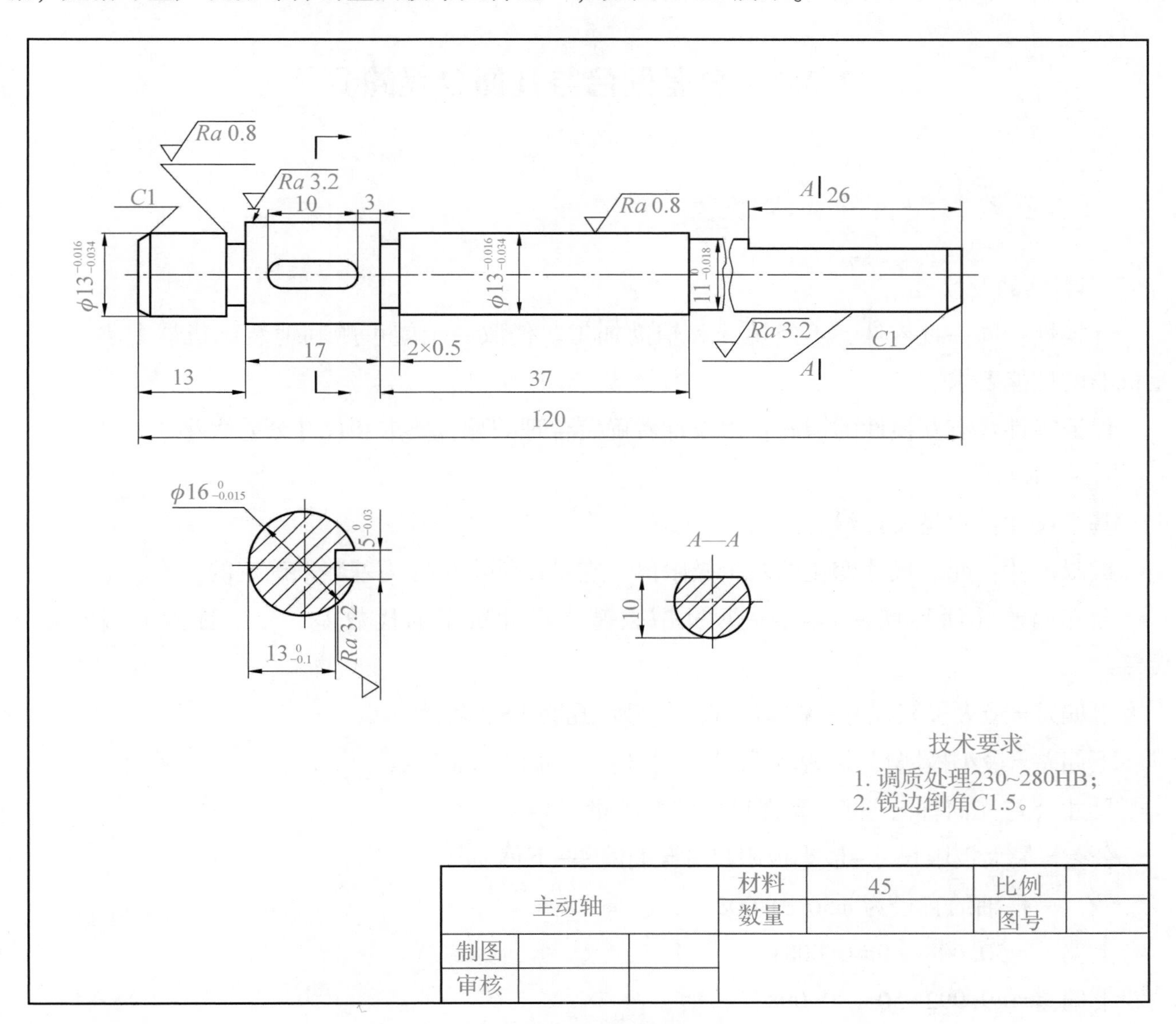

图 2-59　主动轴零件图

二、零件图的内容

一组视图——一组恰当的视图、剖视图、剖面图等，完整、清晰地表达出零件结构形状。

全部尺寸——正确、完整、清晰、合理地标注出组成零件各形体的大小及其相对位置的尺寸，即提供制造和检验零件所需的全部尺寸。

技术要求——用规定的代号、数字和文字简明地表示出制造和检验时在技术上应达到的要求。

标题栏——在零件图右下角，用标题栏写明零件的名称、数量、材料、比例、图号，以及设计、制图、校核人员签名和绘图日期。

2.3.2 公差配合与几何公差简介

一、公差与配合的基本概念

1. 零件的互换性

互换性：同一批零件，不经挑选和辅助加工，任取一个就可顺利地装到机器上去，并满足机器的性能要求。

保证零件具有互换性的措施：由设计者确定合理的配合要求和尺寸公差大小。

2. 基本术语

基本尺寸：它是设计给定的尺寸。

极限尺寸：允许尺寸变化的两个极限值，它是以基本尺寸为基数来确定的。

尺寸偏差（简称偏差）：某一尺寸减去基本尺寸所得的代数差，分别称为上偏差和下偏差。

上偏差=最大极限尺寸-基本尺寸。代号：孔为 ES，轴为 es。

下偏差=最小极限尺寸-基本尺寸。代号：孔为 EI，轴为 ei。

尺寸公差（简称公差）：允许尺寸的变动量。

公差=最大极限尺寸-最小极限尺寸=上偏差-下偏差

例：一根轴的直径为 $\phi 50 \pm 0.008$。

上偏差=50.008-50=0.008；

下偏差=49.992-50=-0.008；

公差=50.008-49.992=0.016　或=0.008-（-0.008）=0.016。

零线：在公差带图（公差与配合图解）中确定偏差的一条基准直线，即零偏差线。通常以零线表示基本尺寸。

尺寸公差带（简称公差带）：在公差带图中，由代表上、下偏差的两条直线所限定的区域。

3. 配合

基本尺寸相同的、相互结合的孔和轴公差带之间的关系，称为配合。

根据使用的要求不同，孔和轴之间的配合有松有紧，因而国标规定配合分三类：间隙配合、过盈配合和过渡配合。

①间隙配合：孔与轴配合时，具有间隙（包括最小间隙等于零）的配合。

②过盈配合：孔和轴配合时，孔的尺寸减去相配合轴的尺寸，其代数差是负值为过盈。具有过盈的配合称为过盈配合。

③过渡配合：可能具有间隙或过盈的配合为过渡配合。

4. 标准公差与基本偏差

公差带由“公差带大小”和“公差带位置”两个要素组成。

标准公差确定公差带大小，基本偏差确定公差带位置。

（1）标准公差

标准公差是标准所列的，用以确定公差带的大小的任一公差。标准公差分为 20 个等级，即 IT01、IT0、IT1 至 IT18。IT 表示公差，数字表示公差等级，从 IT01 至 IT18 依次降低。

（2）基本偏差

基本偏差是标准所列的，用以确定公差带相对零线位置的上偏差或下偏差，一般指靠近零线的那个偏差。当公差带在零线的上方时，基本偏差为下偏差；反之为上偏差。

轴与孔的基本偏差代号用拉丁字母表示，大写为孔，小写为轴，各有 28 个。其中 H（h）的基本偏差为零，常作为基准孔或基准轴的偏差代号。

5. 配合制度

（1）基孔制

基本偏差为一定的孔的公差带，与不同基本偏差的轴的公差带形成各种配合的一种制度。

（2）基轴制

基本偏差为一定的轴的公差带，与不同基本偏差的孔的公差带形成各种配合的一种制度。

二、公差与配合的标注

1. 零件图中的标注形式

（1）标注基本尺寸及上、下偏差值（常用方法）

数字直观，适应单件或小批量生产。零件尺寸使用通用的量具进行测量。必须注出偏差数值，如图 2-60 所示。

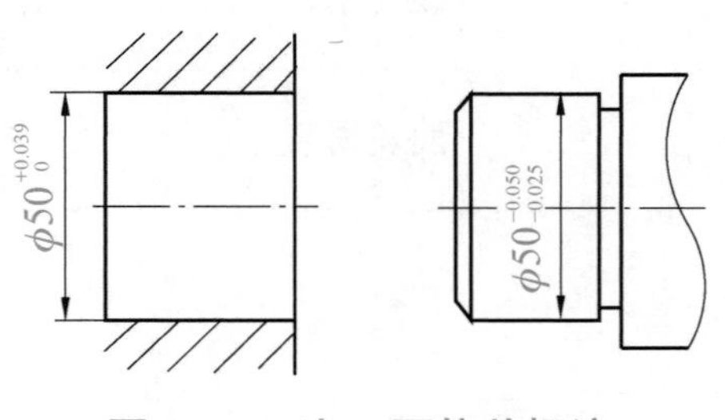

图 2-60　上、下偏差标注

（2）既标注公差带代号，又标注上、下偏差

既明确配合精度，又有公差数值，如图 2-61 所示。

（3）标注公差带代号

此标法能和专用量具检验零件尺寸统一起来，适应大批量生产。零件图上不必标注尺寸偏差数值，如图 2-62 所示。

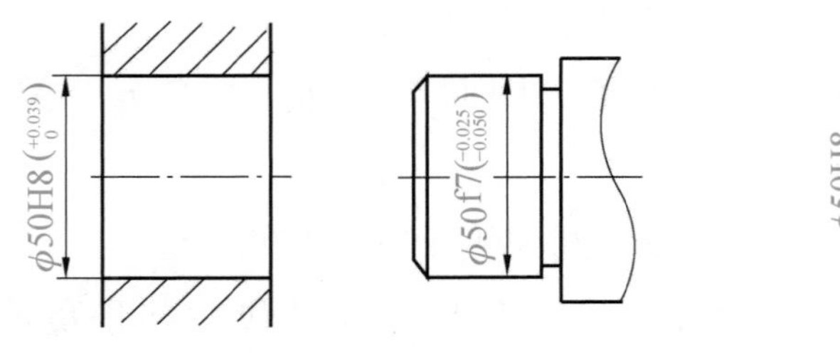

图 2-61　公差带代号与偏差标注

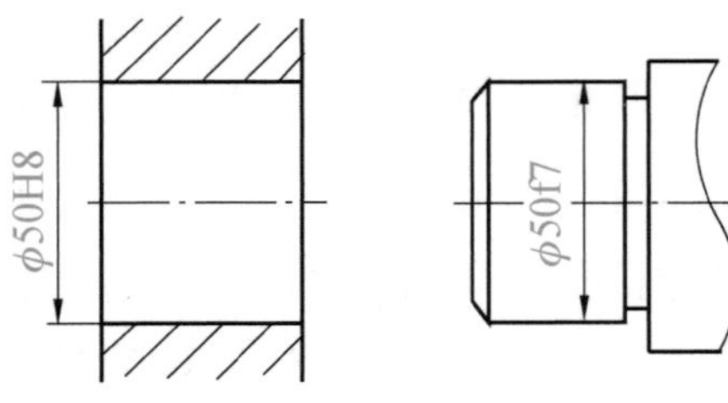

图 2-62　公差带代号标注

2. 在装配图中配合尺寸的标注

（1）基孔制的标注形式

$$\text{基本尺寸}=\frac{\text{基准孔的基本偏差代号（H）}\quad\text{公差等级代号}}{\text{配合轴基本偏差代号}\quad\text{公差等级代号}}$$

（2）基轴制的标注形式

$$\text{基本尺寸}=\frac{\text{配合孔基本偏差代号}\quad\text{公差等级代号}}{\text{基准轴的基本偏差代号（h）}\quad\text{公差等级代号}}$$

三、几何公差简介

形状公差和位置公差简称几何公差，是指零件的实际形状和实际位置对理想形状和理想位置的允许变动量，特征项目及符号如表 2-4 所示。

表 2-4　几何公差特征项目及符号

<table>
<tr><th>分类</th><th>特征项目</th><th>符号</th><th colspan="2">分类</th><th>特征项目</th><th>符号</th></tr>
<tr><td rowspan="12">形状公差</td><td rowspan="2">直线度</td><td rowspan="2">—</td><td rowspan="12">位置公差</td><td rowspan="4">定向</td><td>平行度</td><td>//</td></tr>
<tr><td>垂直度</td><td>⊥</td></tr>
<tr><td rowspan="2">平面度</td><td rowspan="2">▱</td><td>倾斜度</td><td>∠</td></tr>
<tr><td></td><td></td></tr>
<tr><td rowspan="2">圆度</td><td rowspan="2">○</td><td rowspan="4">定位</td><td>同轴度</td><td>◎</td></tr>
<tr><td>对称度</td><td>⌯</td></tr>
<tr><td rowspan="2">圆柱度</td><td rowspan="2">⌭</td><td>位置度</td><td>⌖</td></tr>
<tr><td></td><td></td></tr>
<tr><td rowspan="2">线轮廓度</td><td rowspan="2">⌒</td><td rowspan="4">跳动</td><td>圆跳动</td><td>↗</td></tr>
<tr><td>全跳动</td><td>⌰</td></tr>
<tr><td rowspan="2">面轮廓度</td><td rowspan="2">⌓</td><td></td><td></td></tr>
<tr><td></td><td></td></tr>
</table>

2.3.3　零件图的识读

一、零件图的视图选择

1. 分析零件结构形状

分析几何形体、结构，要分清主要、次要形体；了解其功用及加工方法，以便确切地表达零件的结构形状，反映零件的设计和工艺要求。

2. 选择主视图的原则

特征原则：能充分反映零件的结构形状特征。

工作位置原则：反映零件在机器或部件中工作时的位置。

加工位置原则：零件在主要工序中加工时的位置。

3. 选择其他视图

对于结构复杂的零件，主视图中没有表达清楚的部分必须选择其他视图。

注意：

①所选择的表达方法要恰当，每个视图都有明确的表达目的。

②在完整、清晰地表达零件内外结构形状的前提下，尽量减少图形个数，以方便画图和看图。

③对于表达同一内容的视图，应拟出几种方案进行比较。

二、零件图的尺寸标注

零件图中标注的尺寸是加工和检验零件的重要依据。

1. 零件图的尺寸基准

(1) 设计基准

根据零件的结构、设计要求及用以确定该零件在机器中的位置和几何关系所选定的基准，如图 2-63 所示。常见的设计基准如下。

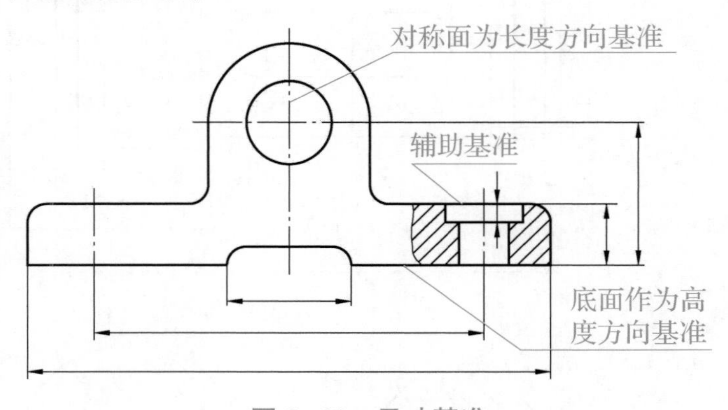

图 2-63　尺寸基准

①零件上主要回转结构的轴心线。

②零件结构的对称中心面。

③零件的重要支承面、装配面及两零件重要结合面。

④零件的主要加工面。

（2）工艺基准

零件在加工、测量和检验时所使用的基准。

2. 标注尺寸注意事项

①重要尺寸应从主要基准直接注出，不应通过换算得到。

②不能注成封闭尺寸链。

③标注尺寸要考虑工艺要求，按加工顺序标注尺寸符合加工过程，便于加工和测量。

三、零件图的视图选择和尺寸标注综合分析

1. 轴套类零件

轴套类零件的基本形状是同轴回转体，沿轴线方向通常有轴肩、倒角、螺纹、退刀槽、键槽等结构要素。此类零件主要是在车床或磨床上加工。

（1）视图选择分析

按加工位置，轴线水平放置作为主视图，便于加工时图物对照，并反映轴向结构形状。为了表示键槽的深度，选择两个移出剖面，如图 2-64 所示。

（2）尺寸标注分析

轴的径向尺寸基准是轴线，可标注出各段轴的直径；轴向尺寸基准常选择重要的端面及轴肩。

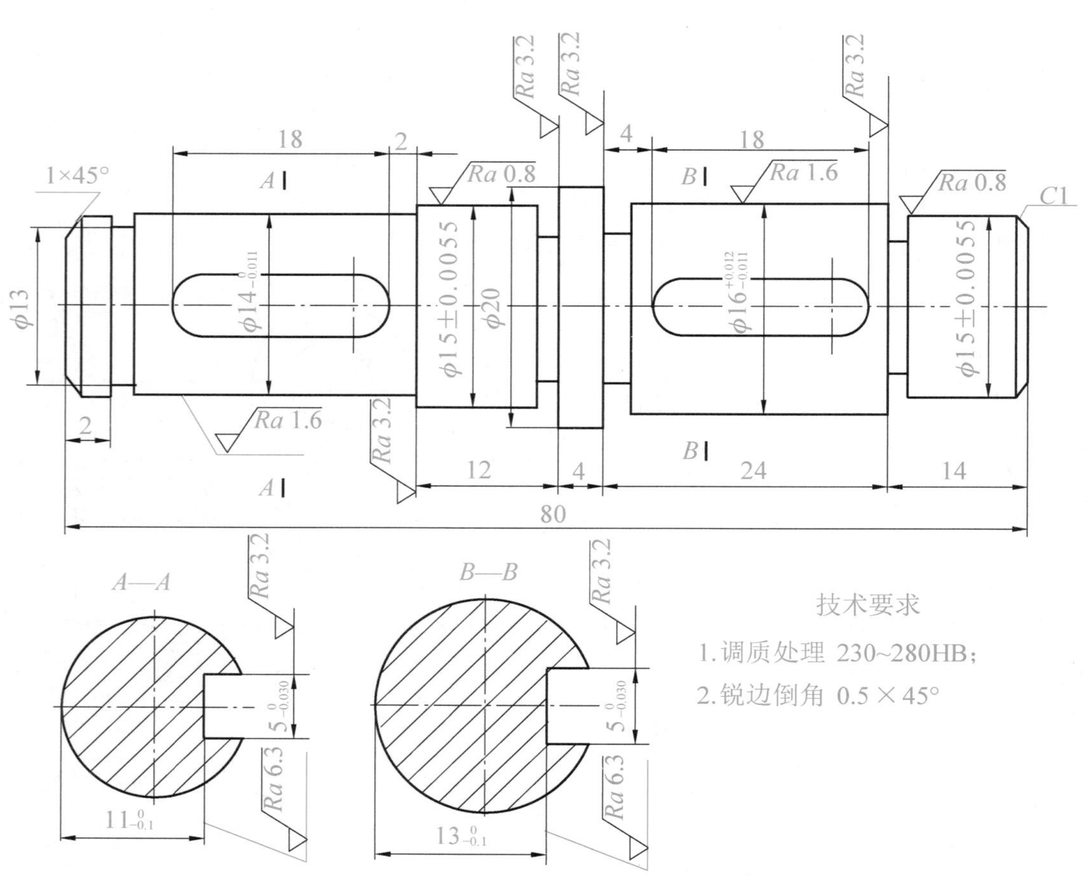

图 2-64 轴套类零件视图选择分析

2. 盘盖类零件

盘盖类零件的结构特点是轴向尺寸小而径向尺寸大，零件的主体多数是由共轴回转体构成，但也有主体形状是矩形的，并在径向分布有螺孔或光孔、销孔。主要是在车床上加工。

（1）视图选择分析

盘盖类零件一般选择两个视图，一个是轴向剖视图，另一个是径向剖视图。

图 2-65 所示端盖的主视图是以加工位置和表达轴向结构形状特征为原则选取的，采用全剖视，表达端盖的轴向结构层次。

（2）尺寸标注分析

端盖主视图的左端面为零件长度方向尺寸基准；轴孔等直径尺寸都是以轴线为基准标注。

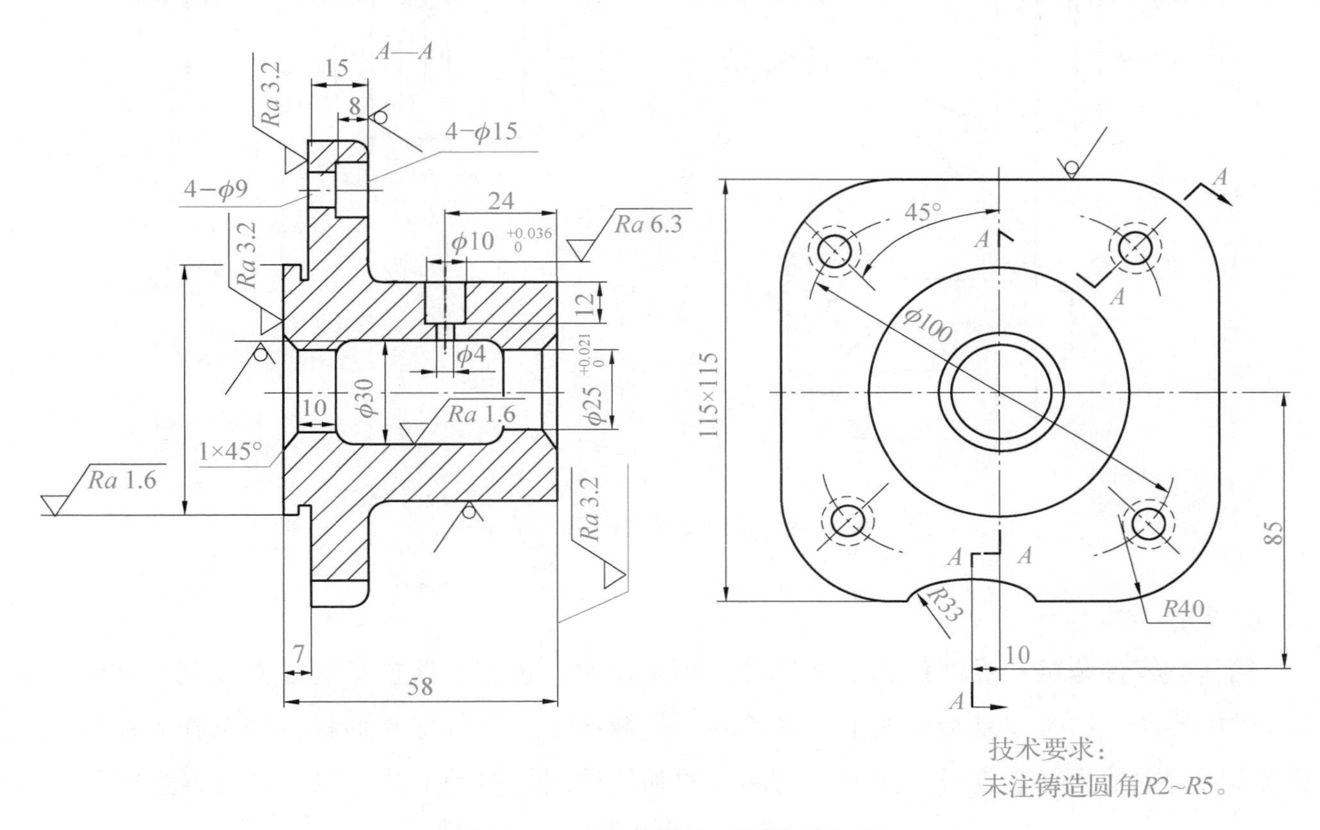

图 2-65　盘盖类零件视图选择分析

3. 叉架类零件

叉架类零件的结构形状比较复杂，且不太规则。要在多种机床上加工。

（1）视图选择分析

叉架类零件由于加工位置多变，在选择主视图时，主要考虑工作位置和形状特征。这类零件常常需要两个或两个以上的基本视图，并且要用局部视图、剖视图等表达零件的细部结构，如图 2-66 所示。

（2）尺寸标注分析

在标注叉架类零件的尺寸时，通常用安装基准面或零件的对称面作为尺寸基准。踏脚座就选用安装板左端面作为长度方向的尺寸基准，选用安装板的水平对称面作为高度方向的尺寸基准。

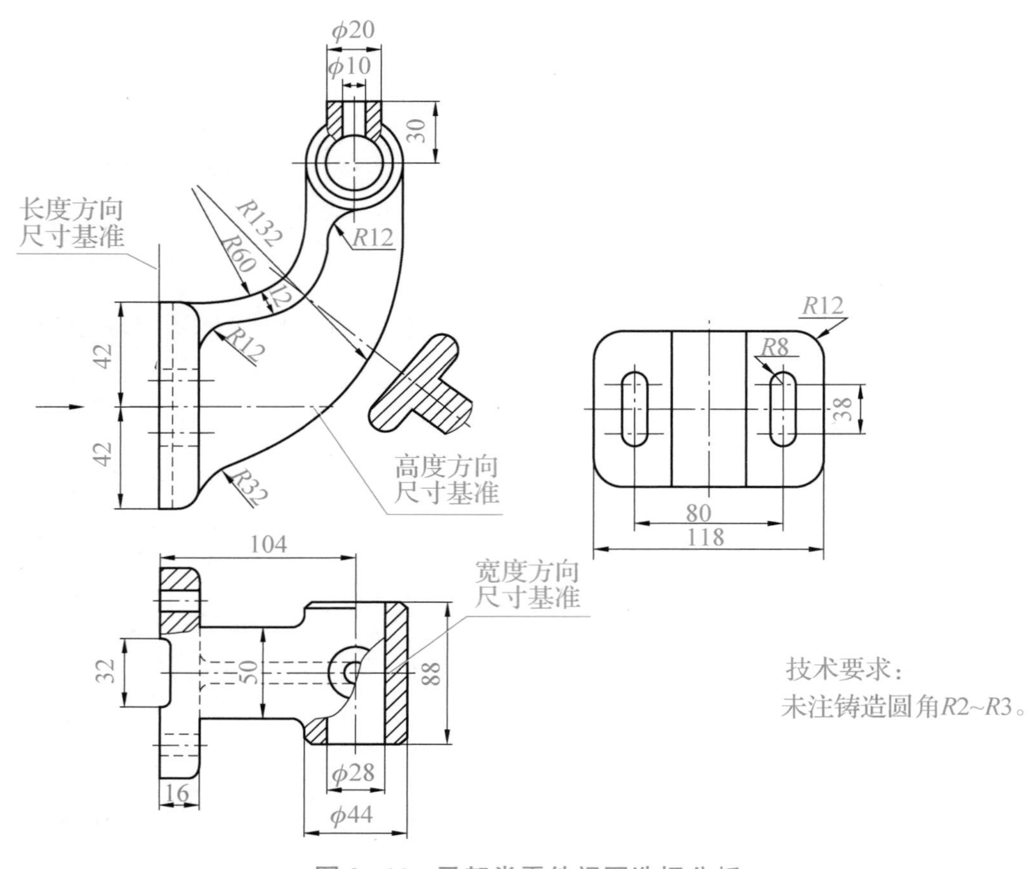

图 2-66　叉架类零件视图选择分析

4. 箱体类零件

箱体类零件是机器或部件的主体部分，用来支承、包容、保护运动零件或其他零件。这类零件的形状、结构较复杂，加工工序较多。一般均按工作位置和形状特征选择主视图。应根据实际情况适当采取剖视、剖面、局部视图和斜视图等多种形式，以清晰地表达零件内外形状。

（1）视图选择分析

以阀体为例，阀体的主视图按工作位置选取，采用全剖视，清楚地表达内腔的结构；右端圆法兰上有通孔，从左视图中可知四个孔的分布情况，左视图采用半剖视；俯视图表示方形法兰的厚度，局部剖视图表示螺孔深度，如图 2-67 所示。

（2）尺寸标注分析

常选用设计轴线、对称面、重要端面和重要安装面作为尺寸基准。对于箱体上需要加工的部分，应尽可能地按便于加工和检验的要求标注尺寸。

5. 其他零件

除了上述四类常见的零件之外，还有一些电信、仪表工业中常见的薄板冲压零件、镶嵌零件和

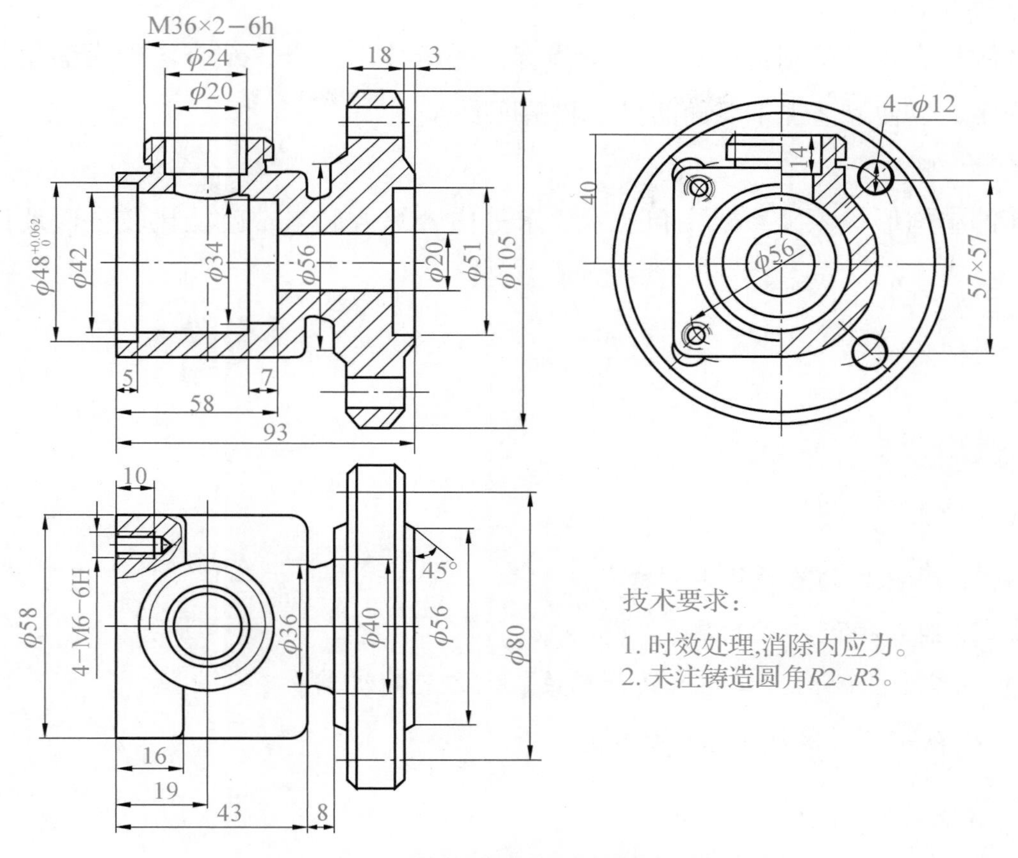

图 2−67　箱体类零件视图选择分析

注塑零件等。有些电信、仪表设备中的底板、支架，大多是用板材剪裁、冲孔，再冲压成型。这类零件的弯折处，一般有小圆角。零件的板面上有许多孔和槽口，以便安装电气元件或部件，并将该零件安装到机架上。这种孔一般都是通孔，在不致引起看图困难时，只将反映其真形的那个视图画出，而在其他视图中的虚线就不必画出了。这类零件尺寸标注的原则：定形尺寸按形体分析方法标注，定位尺寸一般标注两孔中心或者孔中心到板边的距离。

四、读零件图的方法和步骤

1. 读标题栏

了解零件的名称、材料、画图的比例、重量。

2. 分析视图，想象结构形状

找出主视图，分析各视图之间的投影关系及所采用的表达方法。

看图时，先看主要部分，后看次要部分；先看整体，后看细节；先看容易看懂的部分，后看难懂的部分。

按投影对应关系分析形体时，要兼顾零件的尺寸及功用，以便帮助想象零件的形状。

3. 分析尺寸

了解零件各部分的定形尺寸、定位尺寸和零件的总体尺寸，以及注写尺寸所用的基准。

4. 看技术要求

零件图的技术要求是制造零件的质量指标。分析技术要求，结合零件表面粗糙度、公差与配合等内容，以便弄清加工表面的尺寸和精度要求。

5. 综合考虑

把读懂的结构形状、尺寸标注和技术要求等内容综合起来，就能比较全面地读懂这张零件图。

单元四 装配图

知识目标：1. 理解装配图的作用和构成。
2. 能正确识读装配图。

技能目标：能结合装配图，正确地进行相关装配工艺的编制。

素养目标：培养学生对装配工艺的认识。

2.4.1 装配图的构成及用途

一、装配图的概念及用途

装配图是表达机器或部件的图样。通过装配图可以了解机器或部件的工作原理、零件之间的相对位置和装配关系，所以装配图是装配、检验、安装、维修机器或部件和技术交流的重要技术文件，如图 2-68 所示。

二、装配图的构成

1. 一组视图

表明机器、部件的工作原理、结构特征、零件间的相互位置关系、装配关系和连接关系等。

2. 必要的尺寸

表示机器、部件规格、性能及装配、检验、安装所需的一些尺寸。

3. 技术要求

说明机器装配、调试、检验、安装及维修、使用规则的文字或符号说明。

4. 零部件序号、明细栏和标题栏

说明机器、部件所包含的零件和组件的名称、代号、材料、数量、图号、比例及设计、审核者的签名等。

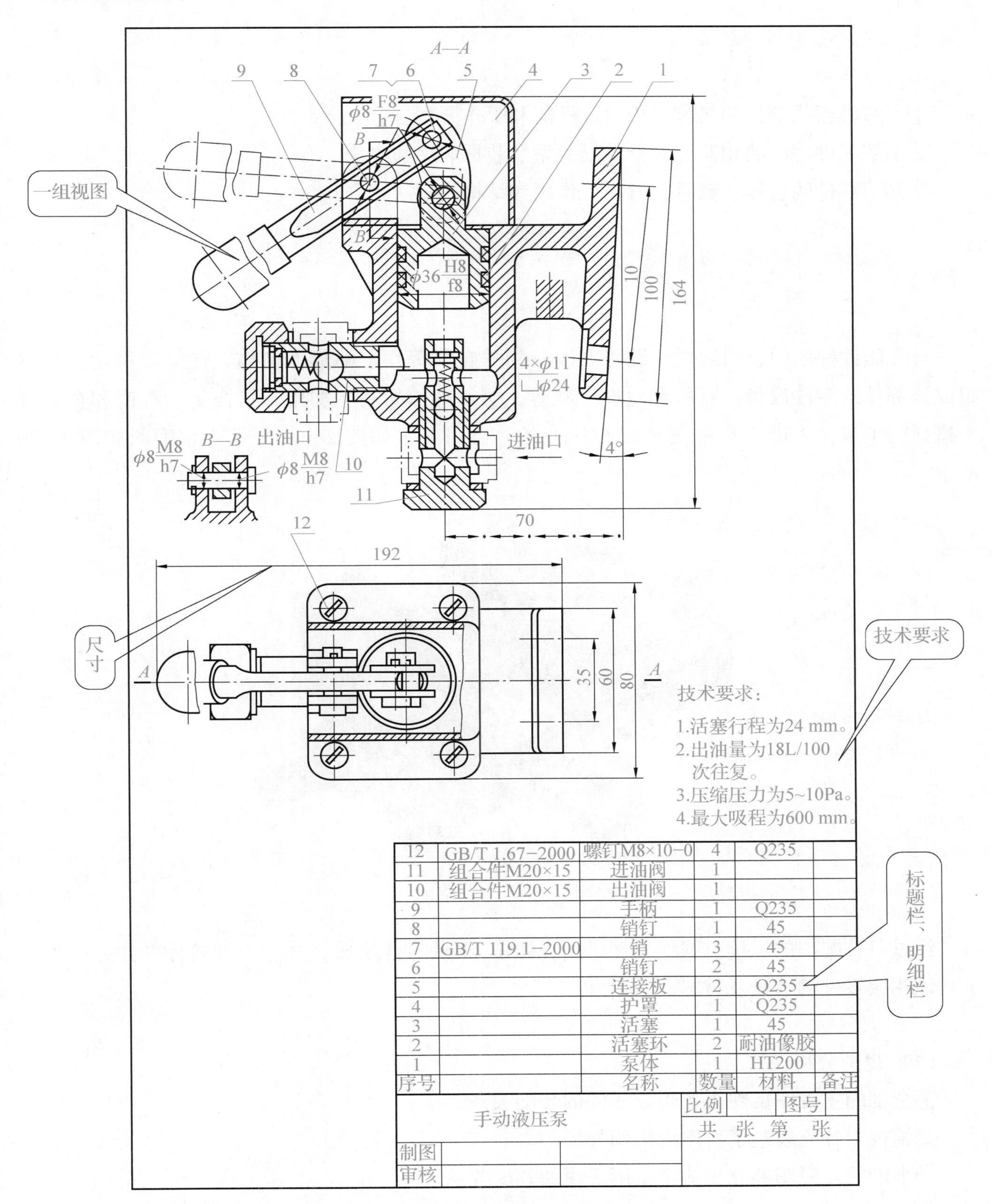

12	GB/T 1.67-2000	螺钉M8×10-0	4	Q235	
11	组合件M20×15	进油阀	1		
10	组合件M20×15	出油阀	1		
9		手柄	1	Q235	
8		销钉	1	45	
7	GB/T 119.1-2000	销	3	45	
6		销钉	2	45	
5		连接板	2	Q235	
4		护罩	1	Q235	
3		活塞	1	45	
2		活塞环	2	耐油像胶	
1		泵体	1	HT200	
序号		名称	数量	材料	备注

手动液压泵		比例		图号	
		共　张　第　张			
制图					
审核					

图 2-68　手动液压泵装配图

2.4.2　装配图的识读

一、读装配图的要求

①了解机器或部件的名称、用途、性能和工作原理。

②了解零件之间的相互位置、装配关系及装拆顺序和方法。

③弄清零件的名称、数量、材料、作用和结构。

二、装配图识读的方法与步骤

1. 概括了解

首先阅读标题栏、明细栏、说明书以及相关资料等，了解部件名称、性能和用途，了解组成该部件的零件数量、材料和轮廓形状等，可对部件的基本功用、结构复杂程度和全貌有个概括的了解，为进一步细读装配图作准备。机用虎钳如图2-69所示，装配图如图2-70所示。

图2-69　机用虎钳

经过对装配图的识读，我们发现机用虎钳由11种零件构成，其中2种是标准件，还可了解其他相应零件的数量及材料。

2. 深入分析

（1）视图分析

①全剖的主视图反映了各组成零件的装配关系。

②俯视图补充表达了机用虎钳的外形。

③半剖的左视图补充表达了机用虎钳的装配关系。

④单独画出件2的向视图。

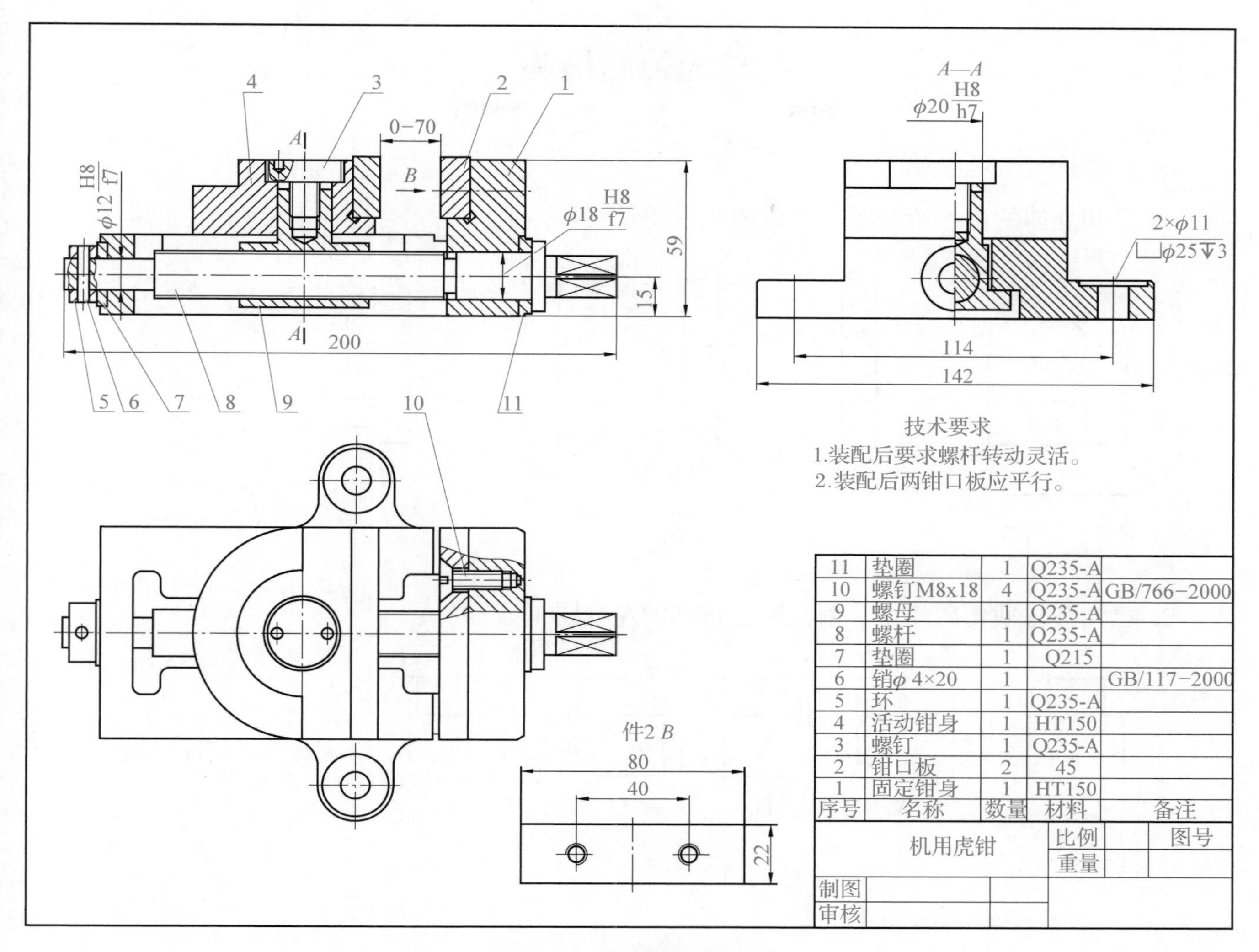

序号	名称	数量	材料	备注
11	垫圈	1	Q235-A	
10	螺钉M8x18	4	Q235-A	GB/766-2000
9	螺母	1	Q235-A	
8	螺杆	1	Q235-A	
7	垫圈	1	Q215	
6	销ϕ 4×20	1		GB/117-2000
5	环	1	Q235-A	
4	活动钳身	1	HT150	
3	螺钉	1	Q235-A	
2	钳口板	2	45	
1	固定钳身	1	HT150	

机用虎钳	比例		图号
	重量		
制图			
审核			

图 2-70　机用虎钳装配图

（2）装配关系和工作原理分析

工作原理：转动螺杆，活动钳身通过滑动螺母与螺杆的连接，使活动钳身沿螺杆轴线方向移动，使用螺钉将两块钳口板固定在固定钳座和活动钳身上。

（3）分析尺寸和技术要求

规格尺寸：0-70；

装配尺寸：ϕ18H8/f7；

安装尺寸：114；

总体尺寸：200、142、59。

（4）技术要求

①装配后要求螺杆转动灵活，确保操作的顺畅。

②机用虎钳钳口板应平行，确保装夹工件时的平整。

单元习题检测

一、选择题

1. 已知立体的主、俯视图，正确的左视图是（　　）。

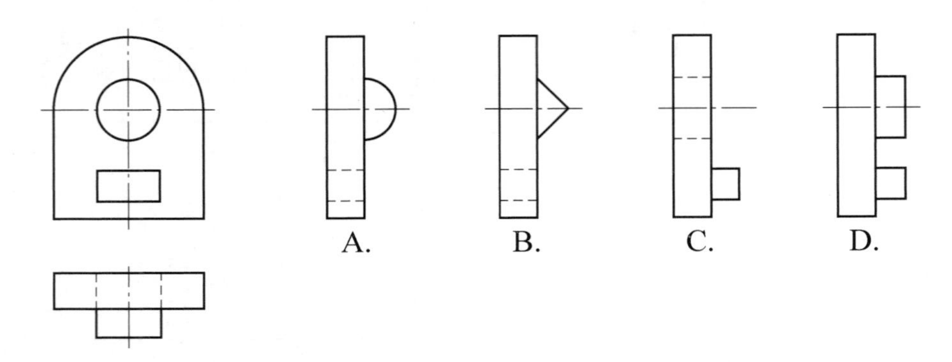

2. 已知圆柱截切后的主、俯视图，正确的左视图是（　　）。

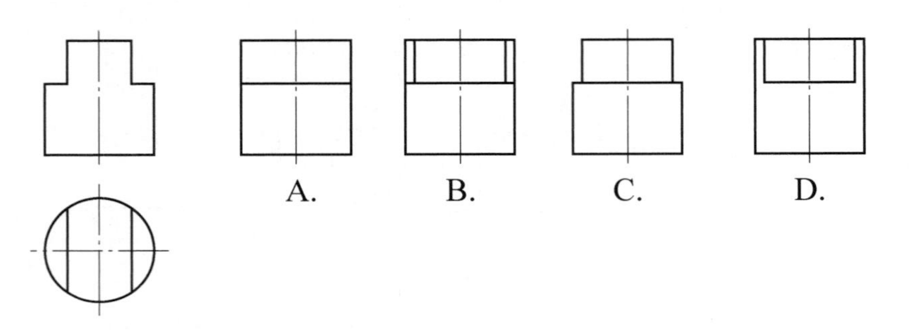

3. 根据实物图，选好三视图填写到相应的空格中。

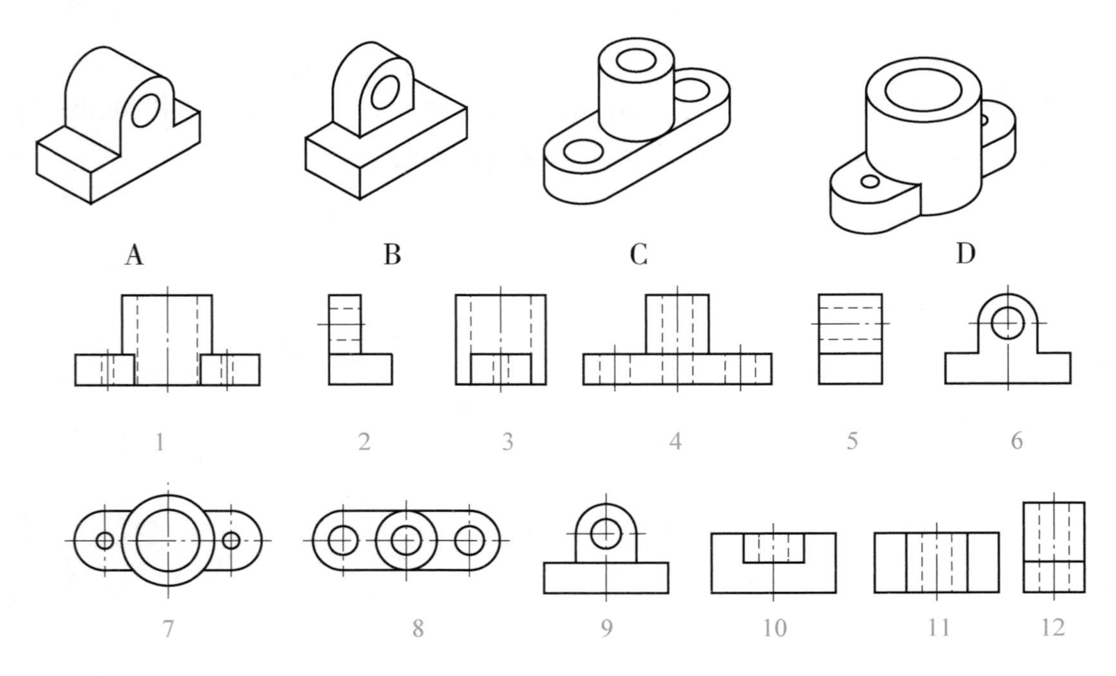

A 图	主	俯	左	B 图	主	俯	左
C 图	主	俯	左	D 图	主	俯	左

二、根据立体图，补画三视图中的漏线及所缺的视图。

1.

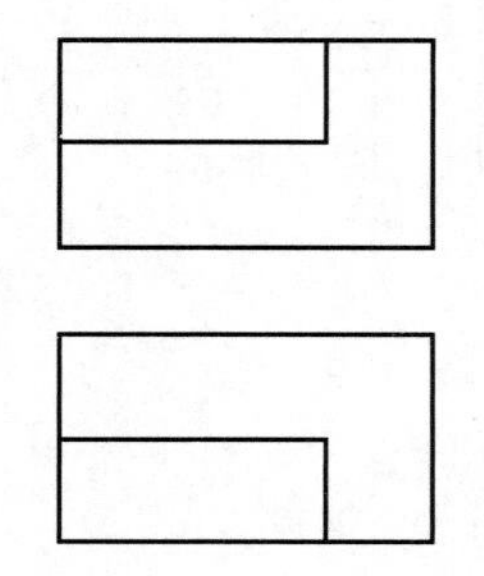

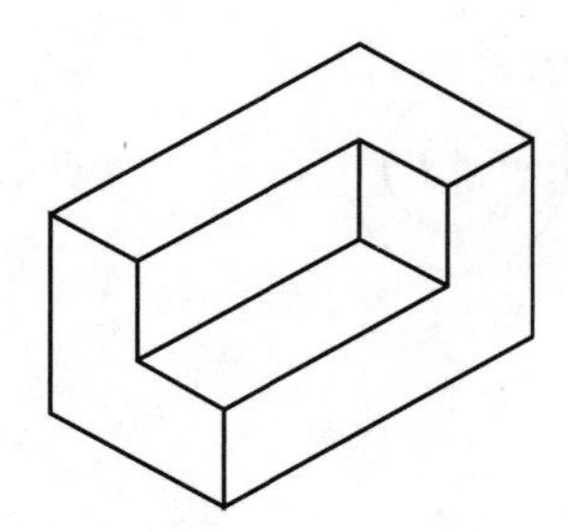

2.

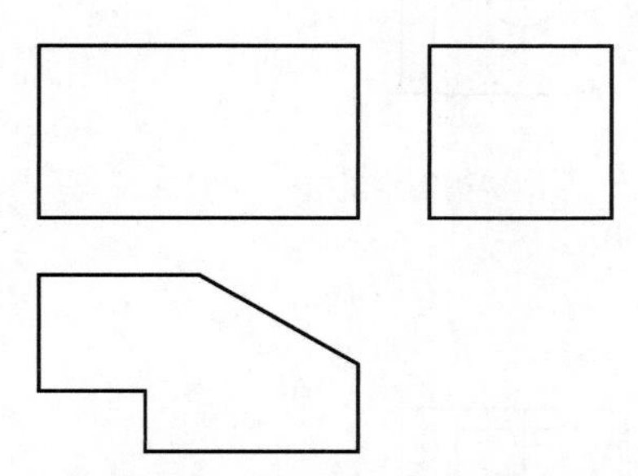

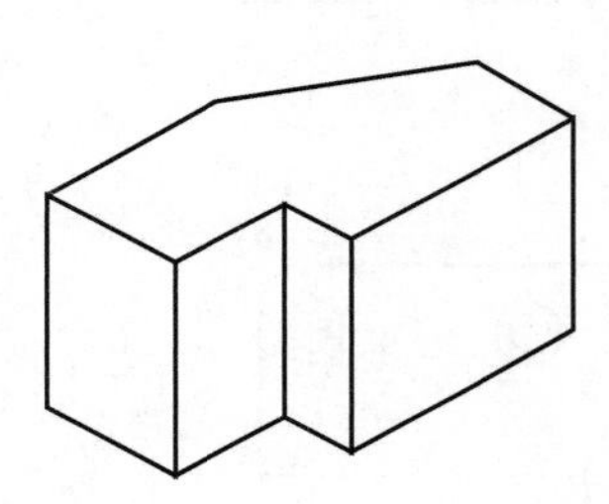

三、画出切割后立体图的三视图，按实际尺寸量取。

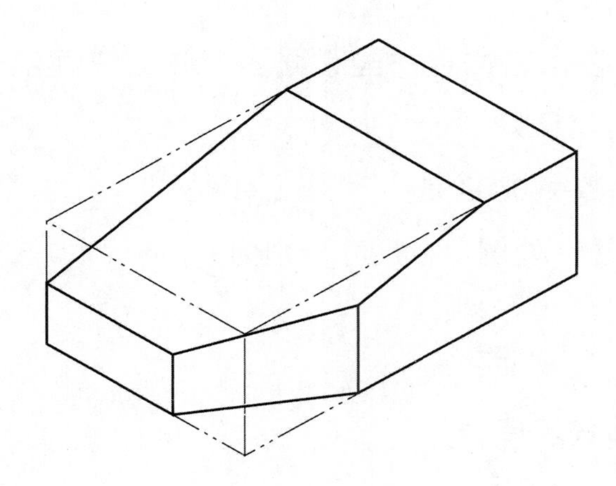

四、在中间位置将主视图画成全剖视图。

1.

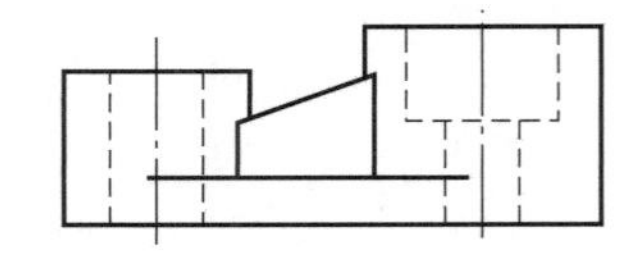

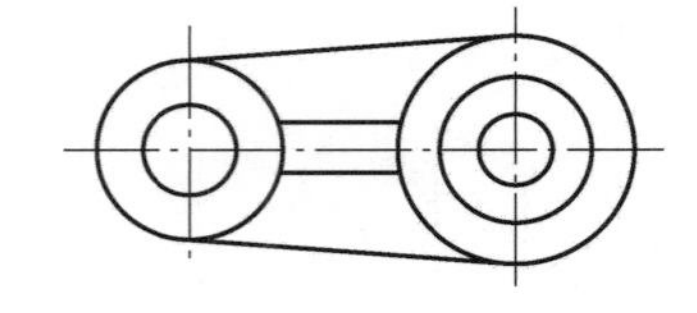

2.

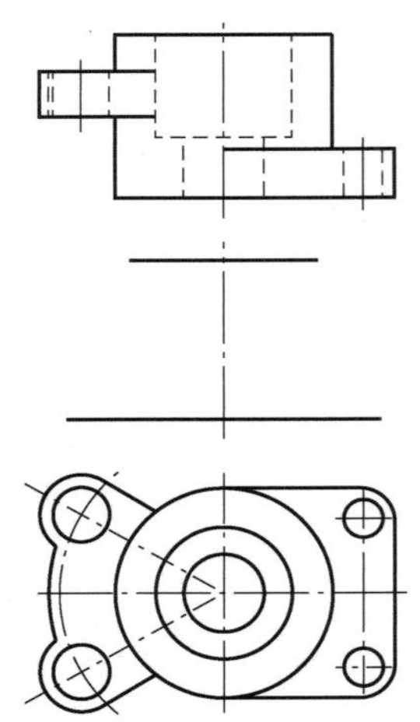

3.

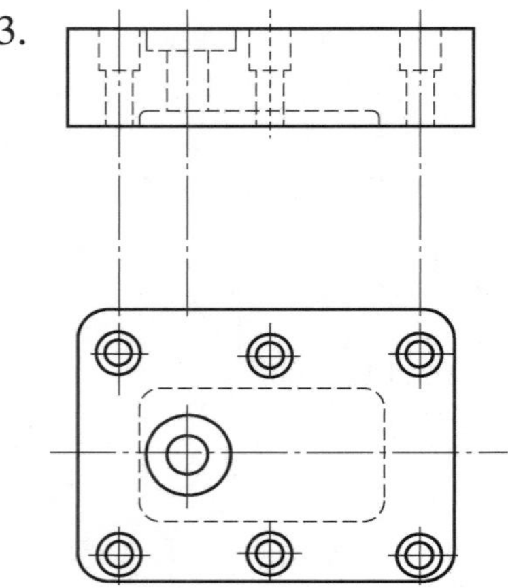

4.

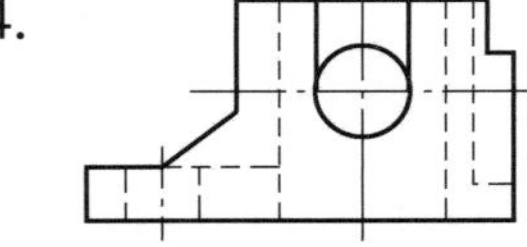

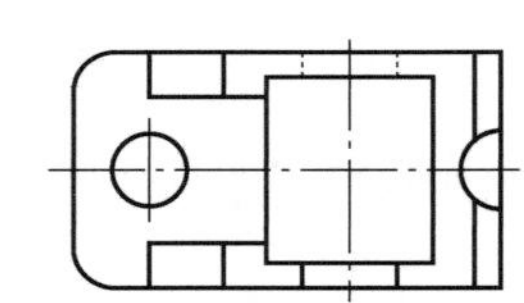

五、读齿轮轴零件图，如图 2-71 所示，在指定位置补画断面图，并完成填空题。

1. 说明 ϕ20f7 的含义：ϕ20 为 ______，f7 是 ______。

2. 说明 ⊥ 0.03 A 含义：符号 ⊥ 表示 ______，数字 0.03 是 ______，*A* 是 ______。

3. 指出图中的工艺结构：它有 ______ 处倒角，尺寸分别为 ______，有 ______ 处退刀槽，其尺寸为 ______。

4. 该零件中表面粗糙度最高的是 ______。

5. 该零件所采用的材料为 ______，表达的含义是 ______。

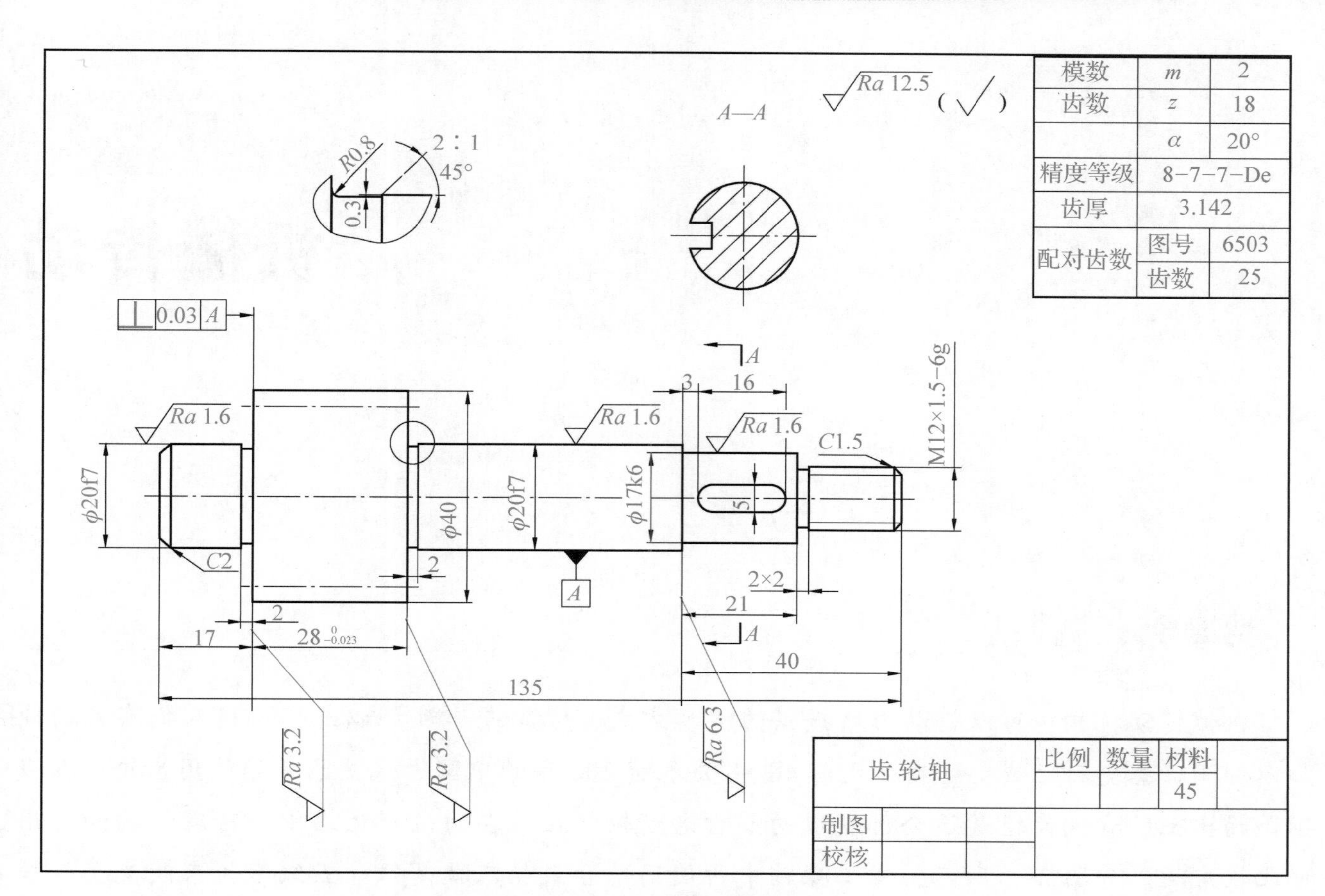

模数	m	2
齿数	z	18
	α	20°
精度等级	8-7-7-De	
齿厚	3.142	
配对齿数	图号	6503
	齿数	25

齿轮轴	比例	数量	材料
			45
制图			
校核			

图 2-71　齿轮轴零件图

模块三

机械传动

情境导入

机械传动机构，可以将动力所提供的运动方式、方向或速度加以改变，被人们有目的地加以利用。据史料记载，远在公元前400—公元前200年的中国古代就已开始使用齿轮，在我国山西出土的青铜齿轮是迄今已发现的最古老齿轮。在现在的生产生活中，传动机构的应用也比较广泛。如图3-1所示，钳工操作中所使用的台式钻床就是依靠五级带轮来改变主轴转速的；如图3-2所示，自行车作为日常的交通工具，是利用链轮和链条的啮合来传递运动和动力的；而齿轮传动在日常生活中应用得更加广泛，如图3-3所示，当你打开机械表的后盖时，你就能看到齿轮是怎样进行啮合传动的。可见机械传动机构出现在我们生活中的方方面面，本模块将就常用的机械传动为同学们做一个简单的介绍。

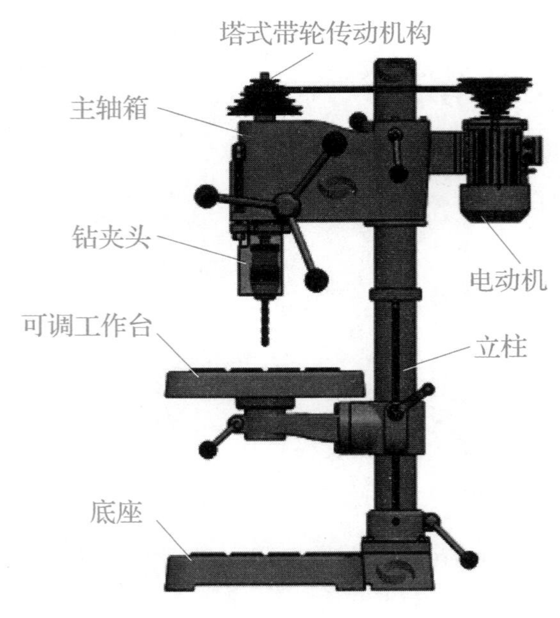

图3-1　台式钻床

图3-2　自行车

图 3-3 机械表中的齿轮

思维导图

- 机械传动
  - 台钻是怎么调节转速的　单元一 带传动
    - 带传动概述
    - V带与V带轮
    - 带传动的安装与维护
  - 自行车是如何实现运动的传递的　单元二 链传动
    - 链传动概述
    - 链传动的类型
  - 哪种传动形式最可靠　单元三 齿轮传动
    - 齿轮传动概述
    - 直齿圆柱齿轮传动
    - 其他类型齿轮传动
  - 如何延长机械的使用寿命　单元四 机械润滑与密封
    - 润滑的作用
    - 润滑剂及其选用
    - 密封

单元一 带传动

知识目标： 1. 了解带传动的类型和特点，熟悉 V 带的结构和标准。

2. 掌握 V 带和 V 带轮的基本结构。

3. 掌握普通 V 带的张紧方法。

技能目标： 1. 能够正确安装带传动机构。

2. 可以按照要求对 V 带进行维护。

素养目标： 1. 培养学生观察问题、利用所学的知识解决问题的能力。

2. 了解并遵守带传动安装与维修过程中的行为规范和操作规范。

3.1.1 带传动概述

在日常生活中经常可以看到带传动的例子，如图 3-4 所示。

带传动一般是由主动带轮、从动带轮和传动带三个部分组成。工作时以带和轮缘接触面间产生的摩擦力来传递运动和动力。

图 3-4 跑步机

一、带传动的类型

根据横截面形状的不同，我们可以将传动带分为平带、圆带、V 带、同步齿形带等类型。在所有的带传动类型中，平带和 V 带应用最为广泛。

二、带传动的特点

1. 带传动的优点

传动平稳，噪声小，可以缓冲吸振；过载时，带会在带轮上打滑，从而起到保护其他传动件免受损坏的作用；允许较大的中心距，结构简单，制造、安装和维护较方便，且成本低廉。

2. 带传动的缺点

传动效率低，带的寿命一般较短，不宜在易燃易爆的场合下工作。

3.1.2 V 带与 V 带轮

一、V 带的结构

V 带是无接头环形带，其横截面等腰梯形的楔角为 40°。如图 3-5 所示，由包布、顶胶、抗拉体和底胶组成。其中，V 带的包布由橡胶帆布制成；顶胶和底胶均由橡胶制成；抗拉体承受基本拉力，帘布芯结构应用比较普遍，绳芯结构的柔韧性和抗弯曲疲劳性较好，但抗拉强度低。

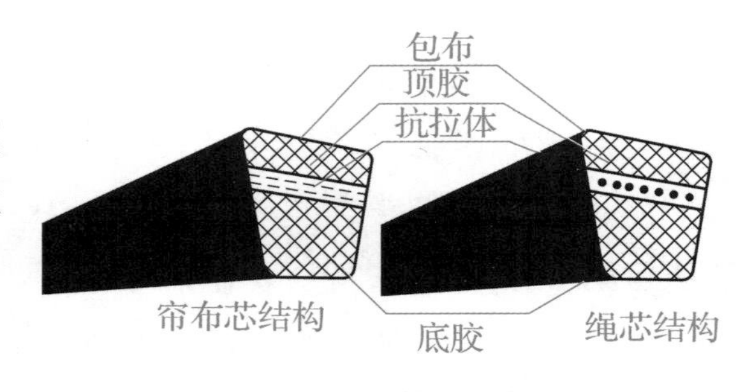

图 3-5 V 带的结构

普通 V 带已经标准化，按截面尺寸由小到大有 Y、Z、A、B、C、D、E 七种型号，其横截面尺寸及承载能力依次增大。

二、V 带带轮的典型结构

V 带带轮的典型结构有实心式、腹板式、孔板式、轮辐式四种，如图 3-6 所示。一般来说，实心式用于基准直径较小的带轮，腹板式、孔板式和轮辐式用于带轮基准直径依次增大的传动，带轮基准直径大于 300mm 时，可采用轮辐式带轮。

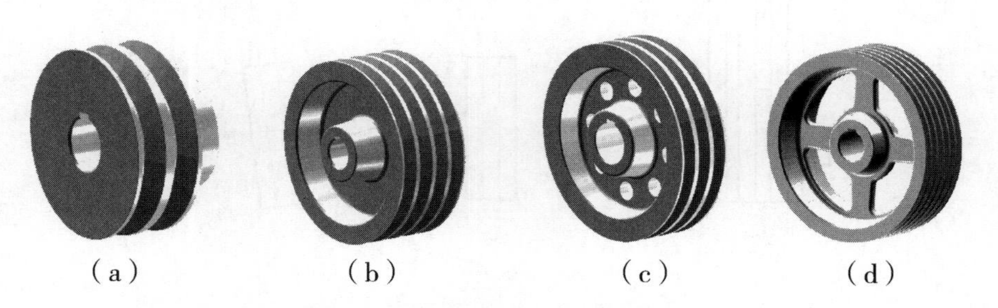

图 3-6　V 带带轮的典型结构

(a) 实心式；(b) 腹板式；(c) 孔板式；(d) 轮辐式

3.1.3　带传动的安装与维护

一、普通 V 带传动的张紧

传动带在工作一段时间后，会产生永久变形导致传动带松弛，从而导致传动的工作能力降低，因此需要重新张紧传动带。常用的张紧方法有以下两种。

①当两带轮的中心距能够调整时，可采用增大两轮中心距的方法使传动带具有一定的张紧力。

②当中心距不能调整时，可采用张紧轮定期将传动带张紧。

二、V 带传动的安装和维护

①应按设计要求选取带型、基准长度和根数。新、旧带不能同组混用，否则各带受力不均匀。

②安装带轮时，两轮的轴线应平行，端面与中心垂直，且两带轮装在轴上不得晃动，否则会使传动带侧面过早磨损，如图 3-7 所示。

③安装时，带的张紧程度一般可凭经验来控制，以大拇指能按下 10~15mm 为宜。

④V 带在轮槽中应有正确的位置，一般以带的外边缘与轮缘平齐为准，如图 3-8 所示。

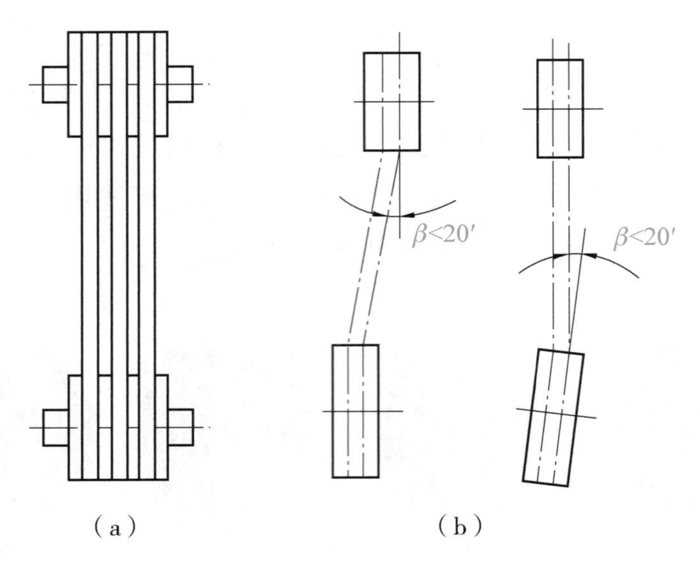

图 3-7　V 带安装位置

（a）理想位置；（b）允许位置

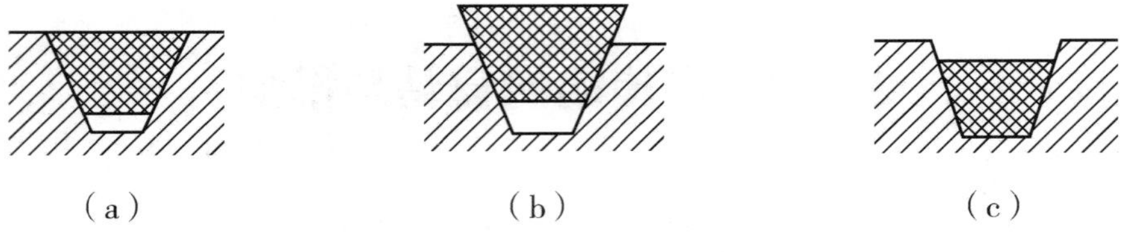

图 3-8　V 带在轮槽中的位置

（a）正确；（b）错误；（c）错误

⑤V 带传动必须安装防护罩，防止因润滑油、切削液或其他杂物等飞溅到 V 带上而影响传动，并防止伤人事故的发生。

单元二　链传动

知识目标： 1. 掌握链传动的工作原理。

2. 熟悉链传动的特点和应用。

3. 了解链传动的主要类型。

技能目标： 1. 能根据工作条件选择套筒滚子链样式。

2. 能根据工作条件选择套筒滚子链接头的形式。

素养目标： 1. 培养学生积极参与小组合作学习，学会交流、合作、有效沟通。

2. 在实践中感受学习的乐趣，擅于在实践中运用已有经验解决新问题。

3.2.1　链传动概述

链传动是以链条作为中间挠性传动件，通过链节与链轮齿间的不断啮合和脱开而传递运动和动力的，如图 3-9 所示。

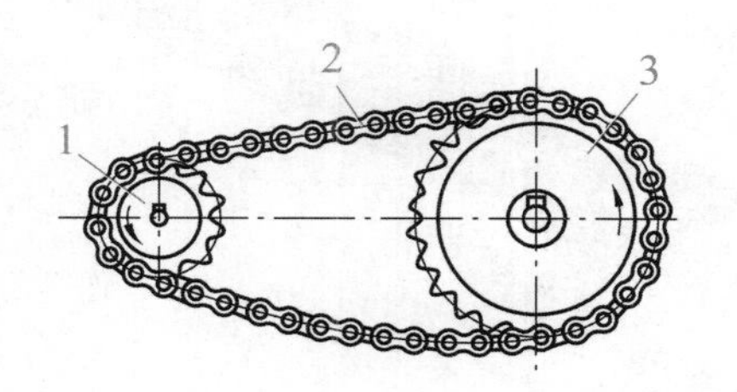

图 3-9　链传动

1—小链轮；2—链条；3—大链轮

一、链传动的特点

1. 链传动的主要优点

①与带传动相比，无弹性滑动和打滑现象，平均传动比准确，工作可靠。

②传递功率大，过载能力强，相同工况下的传动尺寸小。

③所需张紧力小，作用于轴上的压力小。

④能在高温、多尘、潮湿、有污染等恶劣环境中工作。

2. 链传动的主要缺点

①仅能用于两平行轴间的传动。

②成本高，易磨损，易伸长，传动平稳性差。

③运转时会产生附加动载荷、振动、冲击和噪声。

二、链传动的应用场合

链传动多用在不宜采用带传动和齿轮传动，且两轴平行、距离较远、功率较大、平均传动比准确的场合。

3.2.2　链传动的类型

一、套筒滚子链

套筒滚子链的结构如图 3-10 所示，由内链板、外链板、销轴、套筒和滚子组成。

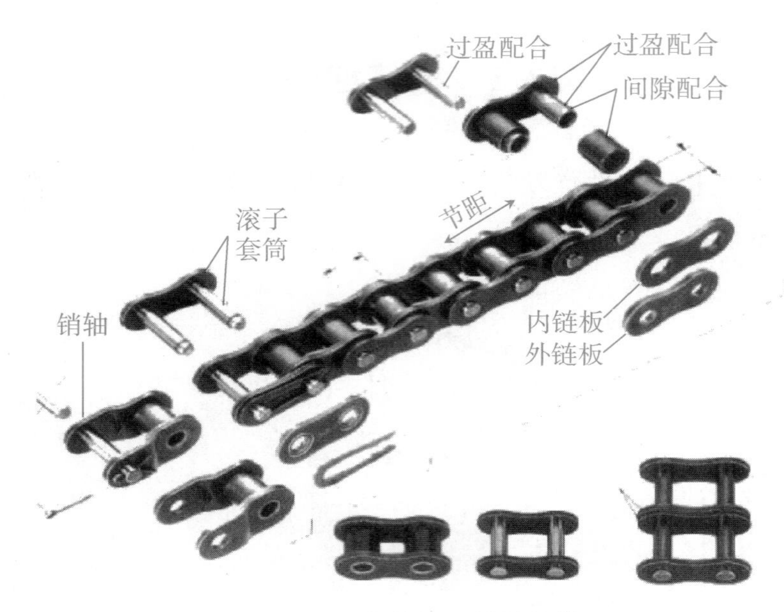

图 3-10　套筒滚子链的结构

销轴与外链板、套筒与内链板之间均用过盈配合连接。轴销与套筒、滚子与套筒之间都是用间隙配合连接的。在受力小、速度低的情况下，也可能不用滚子，这种链叫套筒链。承受较大功率时，也可采用多排链，如图 3-11 所示。

图 3-11　多排链

（a）双排滚子链；（b）三排滚子链

如图 3-12 所示，套筒滚子链接头有三种形式：当链节为偶数时，大链节可采用开口销式，小链节可采用弹簧夹式；当链节为奇数时，可采用过渡链节式。

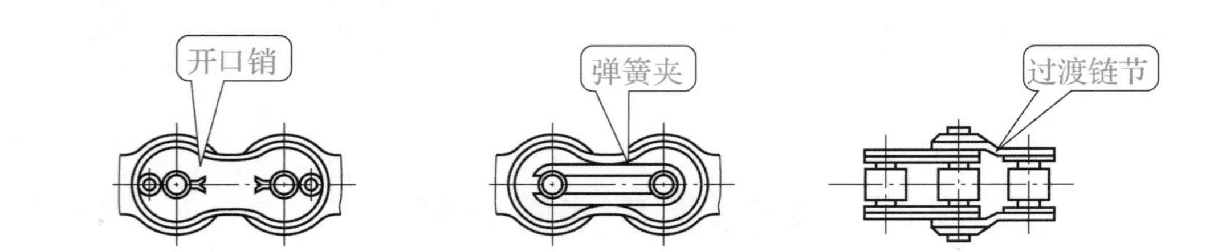

图 3-12　套筒滚子链的链接头形式

二、齿形链

如图 3-13 所示，齿形链由铰链连接的齿形板组成。它的优点是传动平稳、噪声较小，能传动较高速度，但易磨损。

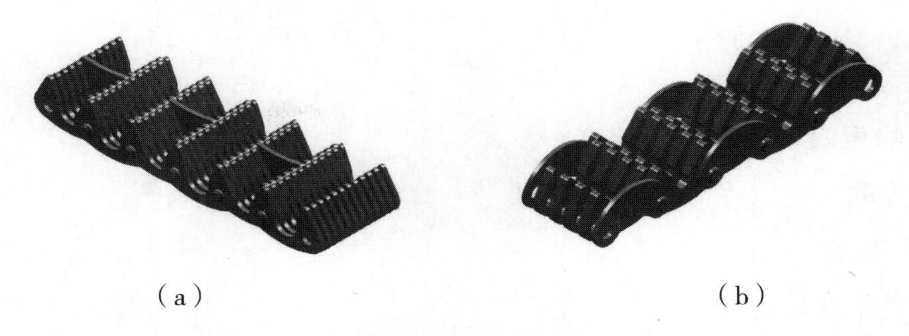

图 3-13　齿形链

（a）外链板；（b）内链板

单元三　齿轮传动

知识目标： 1. 了解齿轮传动的特点、分类和应用。
2. 了解直齿圆柱齿轮各部分的名称和主要参数。
3. 掌握直齿圆柱齿轮的啮合条件。
4. 了解齿轮的失效形式和常用材料。

技能目标： 1. 能计算标准直齿圆柱齿轮的基本尺寸。
2. 能够判断直齿圆柱齿轮是否可以正确啮合。

素养目标： 1. 培养良好的小组协作能力。
2. 养成学生从事工程技术工作时认真、严谨的工作作风。
3. 提升学生分析问题、解决问题的能力。

3.3.1　齿轮传动概述

利用齿轮传递运动的传动方式称为齿轮传动。齿轮传动通过相应齿间的啮合，把运动或动力由一个齿轮传向另一个齿轮。

一、齿轮传动的基本特点

①齿轮传递的功率和速度范围很大，齿轮尺寸可从小于 1mm 到大于 10m。

②齿轮传动属于啮合传动，瞬时传动比恒定，且传动平稳、可靠。

③齿轮传动效率高，使用寿命长。

④齿轮种类繁多，可以满足各种传动形式的需要。

⑤齿轮的制造和安装的精度要求较高。

二、齿轮传动的分类

1. 根据两轴的相对位置和轮齿方向分

①圆柱齿轮传动。

②圆锥齿轮传动。

③交错轴的蜗轮蜗杆传动。

2. 根据齿轮传动的工作条件分

①开式齿轮传动，齿轮暴露在外，不能保证良好润滑。

②半开式齿轮传动，齿轮浸入油池，有护罩但不封闭。

③闭式齿轮传动，齿轮、轴和轴承等都装在封闭箱体内，是目前应用最广泛的一种齿轮传动类型。

3.3.2 直齿圆柱齿轮传动

直齿圆柱齿轮传动是齿轮传动的最基本形式，它在机械传动装置中应用极其广泛。齿线为分度圆直母线的圆柱齿轮称为直齿圆柱齿轮，简称直齿轮。

一、直齿圆柱齿轮各部分的名称和定义

直齿圆柱齿轮各部分名称如图 3-14 所示。

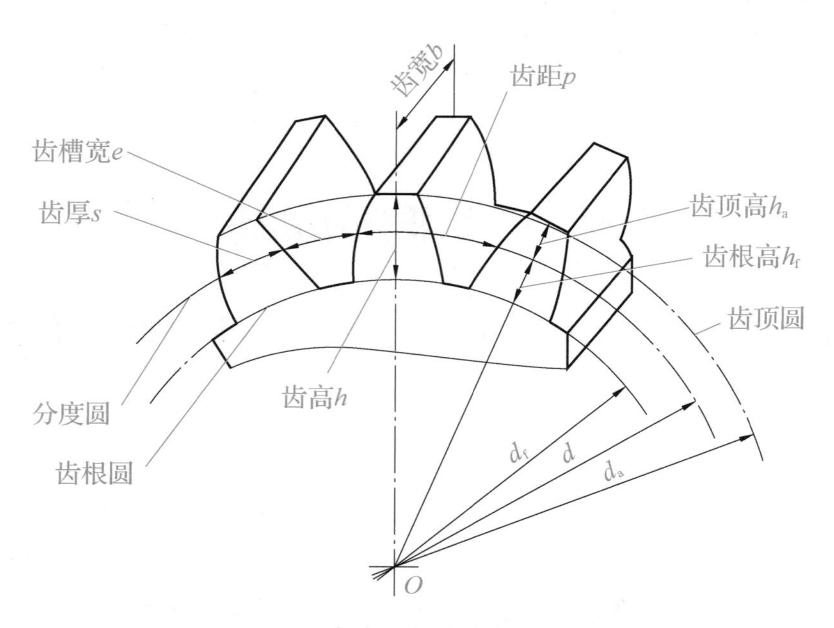

图 3-14　直齿圆柱齿轮各部分名称

直齿圆柱齿轮各部分的定义如表 3-1 所示。

表 3-1　直齿圆柱齿轮各部分的定义

序号	名称	代号	定义
1	齿顶圆	d_a	通过各轮齿顶部的圆
2	齿根圆	d_f	通过各轮齿根部的圆
3	分度圆	d	标准齿轮的齿厚（某圆上齿部的弧长）与齿间（某圆上空槽的弧长）相等的圆
4	齿厚	s	一个轮齿两侧端面齿廓之间的弧长
5	齿槽宽	e	一个齿槽两侧齿廓之间的弧长
6	齿距	p	相邻两同侧端面齿廓之间的弧长
7	齿顶高	h_a	齿顶圆与分度圆之间的径向距离
8	齿根高	h_f	齿根圆与分度圆之间的径向距离
9	齿高	h	齿顶圆与齿根圆之间的径向距离
10	齿宽	b	沿齿轮轴向的宽度
11	中心距	a	一对啮合齿轮的两轴线之间的最短距离

二、直齿圆柱齿轮的主要参数

1. 齿数 z

一个齿轮的轮齿总数。直齿圆柱齿轮的最少齿数为 17，一般情况下取 20 以上。

2. 压力角 α

压力角是齿轮运动方向与受力方向所夹的锐角。压力角已标准化，我国规定标准压力角是 20°。

3. 模数 m

模数直接影响轮齿的大小、齿形和强度的大小。对于相同齿数的齿轮，模数愈大，齿轮的几何尺寸愈大，承载能力也愈大。国家对模数值规定了标准模数系列，如表 3-2 所示。

表 3-2　标准模数系列表（GB/T 1357—2008《通用机械和重型机械用圆柱齿轮 模数》）

第一系列	0.1	0.12	0.15	0.2	0.25	0.3	0.4	0.5	0.6	0.8	
	1	1.25	1.5	2	2.5	4	5	6	8		
	10	12	16	20	25	32	40	50			
第二系列	0.35	0.7	0.9	1.75	2.25	2.75	(3.25)	3.5	(3.75)	4.5	5.5
	(6.5)	7	9	(11)	14	18	22	28	(30)	36	45
注：选用模数时，应优先采用第一系列，其次是第二系列，括号内的模数尽可能不用。											

三、直齿圆柱齿轮的基本尺寸、计算

直齿圆柱齿轮各部分尺寸计算公如见表3-3所示。

表3-3　直齿圆柱齿轮几何尺寸计算公式

名称	符号	计算公式及参数选择
模数	m	取标准值
分度圆直径	d_1、d_2	$d_1=mz_1$、$d_2=mz_2$
齿顶高	h_a	$h_a=h_a{}^*m$
齿根高	h_f	$h_f=(h_a{}^*+c^*)m$
齿高	h	$h=h_a+h_f=(2h_a{}^*+c^*)m$
齿顶圆直径	d_{a1}、d_{a2}	$d_{a1}=d_1+2h_a=(z_1+2h_a{}^*)m$ $d_{a2}=d_2+2h_a=(z_2+2h_a^*)m$
齿根圆直径	d_{f1}、d_{f2}	$d_{f1}=d_1-2h_f=(z_1-2h_a^*-2c^*)m$ $d_{f2}=d_2-2h_f=(z_2-2h_a{}^*-2c^*)m$
基圆直径	d_{b1}、d_{b2}	$d_{b1}=d_1\cos\alpha$、$d_{b2}=d_2\cos\alpha$
齿厚	s	$s=\pi m$
传动比	i	$i=\omega_1/\omega_2=n_1/n_2=z_2/z_1$
中心距	a	$a=\frac{1}{2}(d_1+d_2)$

四、直齿圆柱齿轮的啮合条件和传动比

1. 啮合条件

一对直齿圆柱齿轮的正确啮合条件是：他们的模数、齿形角分别相等，即

$$m_1=m_2,\ \alpha_1=\alpha_2$$

2. 传动比

在一对齿轮传动中，主动轮转速 n_1 与从动轮转速 n_2 之比称为传动比，用符号 i_{12} 表示。由于相啮合齿轮的传动关系是一齿对一齿，因此两啮合齿轮的转速与其齿数成反比，传动比表达式为

$$i_{12}=\frac{n_1}{n_2}=\frac{z_2}{z_1}$$

式中：z_1，z_2——主、从动轮齿数。

3.3.3　其他类型齿轮传动

一、斜齿圆柱齿轮传动

斜齿圆柱齿轮传动和直齿圆柱齿轮传动一样，仅限于传递两平行轴之间的运动。直齿圆柱齿轮传动过程中，齿面总是沿平行于轴线的直线接触，对齿轮精度要求很高。斜齿圆柱齿轮齿面接触线是由齿轮一端齿顶开始，逐渐由短而长，再由长而短至另一端齿根为止。斜齿圆柱齿轮传动有如下特点。

①承载能力强，适于在重载情况下工作。

②不能作变传动，传动平稳，冲击、噪声和振动小，适于高速传动。

③可作速滑移齿轮使用。

④传动时产生轴向力。

二、直齿圆锥齿轮传动

直齿圆锥齿轮传动应用于两轴线相交的场合，通常采用两轴交角 $\Sigma=90°$。工作时相当于用两齿轮的节圆锥做成的摩擦轮进行滚动。制造、加工比较困难，一般用于轻载、低速场合。

直齿圆锥齿轮的轮齿是均匀分布在锥体上的，如图3-15 所示。

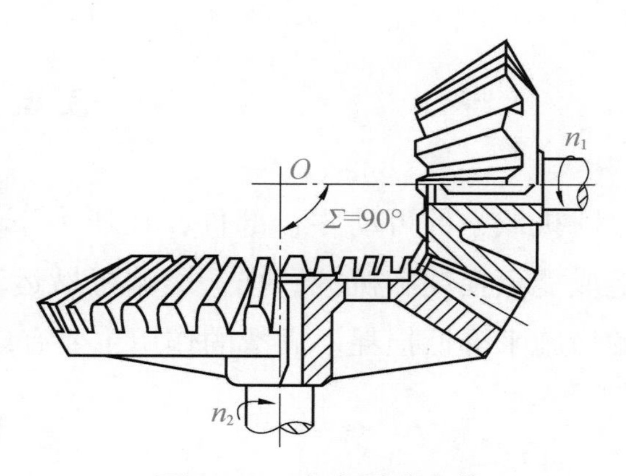

图 3-15　直齿圆锥齿轮

三、齿轮材料、齿轮传动失效形式

1. 齿轮材料的选择

①一般齿轮采用锻钢。尺寸大、结构比较复杂的齿轮采用铸钢或球墨铸铁。开始装置中不重要的低速齿轮可采用铸铁。

②一般中、低速齿轮可采用 45 钢、45Mn2 等，调质后加工使用，齿面硬度 HBS<350。

③一般中速、高速、重载齿轮，齿面硬度 HBS>350，可用中碳钢、中碳合金钢经调质、表面淬火；或低碳钢、低碳合金钢经渗碳、淬火、低温回火。最终热处理可再加工后进行。

2. 齿轮的失效形式

齿轮失效是指齿轮在传动过程中，由于载荷的作用使轮齿发生折断、齿面损坏等，从而使齿轮过早地失去正常工作能力的情况。齿轮传动出现失效的主要形式是齿根折断、齿面磨损、点蚀、胶合及塑性变形等。

单元四 机械润滑与密封

知识目标：1. 了解机械润滑的概念和作用。
2. 掌握机械润滑的方式。
3. 了解机械密封的方式。
技能目标：1. 能够根据不同工况选择合适的润滑剂。
2. 能够根据不同工况选择合适的润滑方式。
素养目标：1. 使学生养成严谨细致、一丝不苟的职业习惯。
2. 培养学生根据工作条件选择合适的解决方法的能力。

3.4.1 润滑的作用

机械中的可动零、部件，在压力下接触而作相对运动时，其接触表面间就会产生摩擦，造成能量损耗和机械磨损，影响机械运动精度和使用寿命。因此在机械设计中需要采用润滑的措施来降低损耗。润滑的作用主要有以下几点。

一、减轻磨损

加入润滑剂后，在摩擦表面形成一层油膜，可防止金属直接接触，从而大大减少摩擦磨损和机械功率的损耗。

二、降温冷却

摩擦表面经润滑后其摩擦因数大大降低，使摩擦发热量减少；当采用液体润滑剂循环润滑时，润滑油流过摩擦表面带走部分摩擦热量，起到散热降温的作用，保证运动后的温度不会升得过高。

三、清洗作用

润滑油流过摩擦表面时，能够带走磨损落下的金属磨屑和污物。

四、防止腐蚀

润滑剂中都含有防腐、防锈添加剂，可减少由腐蚀引起的损坏。

五、减振作用

润滑剂都有在金属表面附着的能力，且本身的剪切阻力小，所以在运动副表面受到冲击载荷时，具有吸振的能力。

六、密封作用

润滑脂具有自封作用，一方面可以防止润滑剂流失，另一方面可以防止水分和杂质的侵入。

3.4.2　润滑剂及其选用

一、润滑油

1. 润滑油的特点

流动性好、内摩擦因数小、冷却作用较好，可用于高速机械，更换润滑油时可不拆开机器。但它容易从箱体内流出，故常需采用结构比较复杂的密封装置，且需经常加油。

2. 润滑油的种类

常用润滑油主要分为矿物润滑油、合成润滑油和动植物润滑油三类。

3. 润滑油的选用原则

载荷大或变载、冲击载荷、加工粗糙或未经跑合的表面，选黏度较高的润滑油；转速高时，为减少润滑油内部的摩擦功耗，或采用循环润滑、芯捻润滑等场合，宜选用黏度低的润滑油；工作温度高时，宜选用黏度高的润滑油。

二、润滑脂

润滑脂习惯上称为黄油或干油，是一种稠化的润滑油。其油膜强度高、黏附性好、不易流失、密封简单、使用时间长、受温度的影响小、对载荷性质和运动速度的变化等有较大的适应范围。润滑脂的缺点是内摩擦大，启动阻力大，流动性和散热性差，更换、清洗时需停机拆开机器。

3.4.3 密　　封

一、静密封

静密封只要求结合面间有连续闭合的压力区，没有相对运动，因此没有因密封件而带来的摩擦、磨损问题。常见的静密封方式有研磨面密封、垫片密封、密封胶密封和密封圈密封。

二、动密封

由于动密封两个结合面之间具有相对运动，所以选择动密封件时，既要考虑密封性能，又要避免或减少由于密封件而带来的摩擦发热和磨损，以保证一定的寿命。回转轴的动密封有接触式、非接触式和组合式三种类型。

单元习题检测

一、填空题

根据图3-16回答1~2题。

1. 写出图中构成带传动的各部分名称：

1—______、2—______、3—______。

2. 带传动工作时以______和______接触面间产生的______来传递运动和力。

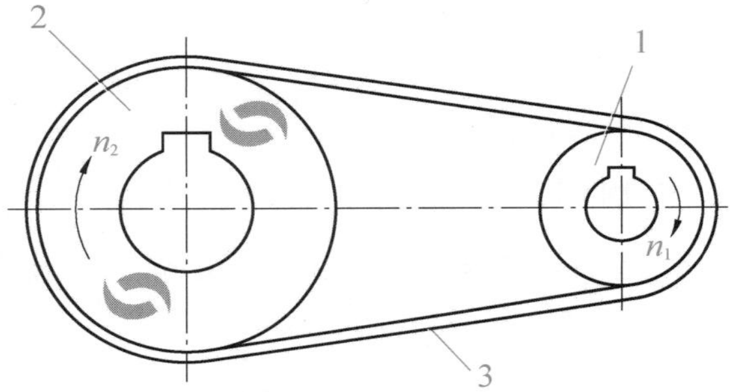

图 3-16　带传动

根据图3-17回答3~5题。

3. V带是______，其横截面等腰梯形的楔角为______。

4. 如图所示是V带的横截面图，普通V带由______、______、______、______组成。

5. V带的抗拉体有______和______两种。

6. 链传动是由______、______和______组成，通过链轮轮齿与链条的______来传递______和______。

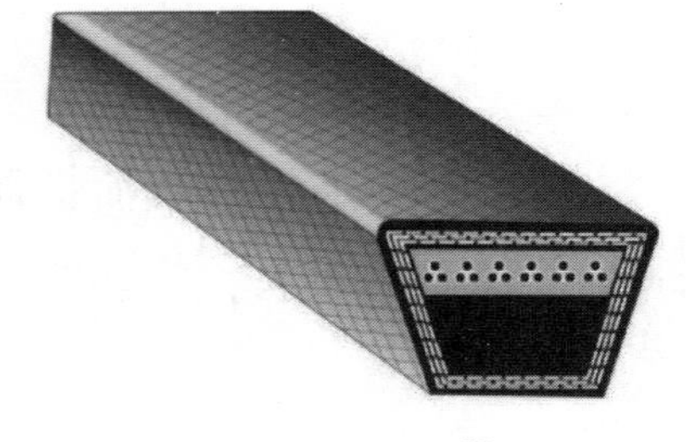

图 3-17　V带

根据图 3-18 回答 7~8 题：

7. 套筒滚子链由______、________、________、________和________组成。

8. 套筒滚子链中________与________，________与________之间均采用过盈配合连接。________与________，________与________之间都是采用间隙配合连接。

9. 齿轮传动通过相应齿间的________，把__________由一个齿轮传向另一个齿轮。

10. 国家标准规定，直齿圆柱齿轮分度圆上的齿形角等于________。

11. 模数已标准化，在标准模数系列表中选取模数时，应优先采用________系列的模数。

图 3-18　套筒滚子链

12. 直齿圆锥齿轮用于传递________轴间的运动和动力，一般轴交角为________。

13. 润滑的主要作用有______、______、________、________、________、________等。

14. 常用的润滑油主要分为________、________、________三种。

15. 选择动密封件时，既要考虑________，又要避免或减少________________，以保证一定的寿命。

二、选择题

1. 在一般机械传动中，应用最广的带传动是（　　）。

A. 平带传动　　B. 普通 V 带传动　　C. 同步带传动

2. 以下带轮结构适用于直径较小的带轮的是（　　）。

A.　　B.　　C.

3. V 带轮在轮槽中的正确位置是（　　）。

A.　　B.　　C.

4. 两轴相距较远，工作环境恶劣的情况下传递大功率，宜选用（　　）。

A. 带传动　　B. 链传动　　C. 摩擦轮传动

5. 链条节数为奇数时，采用的接头形式是（　　）。

A. 开口销　　B. 弹簧夹　　C. 过渡链节

6. 齿轮传动能保证准确的（　　），所以传动平稳、工作可靠性高。

A. 平均传动比　　B. 瞬时传动比　　C. 传动比

7. 齿轮端面上，相邻两齿同侧齿廓之间在分度圆上的弧长称为（　　）。

A. 齿距　　B. 齿厚　　C. 齿槽宽

8.（　　）具有承载能力大、传动平稳、使用寿命长等特点。

A. 斜齿圆柱齿轮　　B. 直齿圆柱齿轮　　C. 圆锥齿轮

9. 高速重载的齿轮传动，主要失效形式是（　　）。

A. 齿面点蚀　　B. 齿面磨损　　C. 齿面胶合

10. 一对外啮合标准直齿圆柱齿轮，中心距 $a=160\text{mm}$，齿轮的齿距 $p=12.56\text{mm}$，则两齿轮的齿数之和为（　　）。

A. 160　　B. 120　　C. 100

三、判断题

1. 链条节数常采用奇数，链轮齿数则采用偶数。（　　）
2. 链条节距越大，承载能力也越大。（　　）
3. 链传动和带传动一样具有过载保护。（　　）
4. 齿轮传动中，当主动轮齿数大于从动轮齿数，从动轮转速将大于主动轮转速。（　　）
5. 机床变速箱中的齿轮传动属于开式齿轮传动。（　　）
6. 斜齿圆柱齿轮传动适合于高速及大功率场合。（　　）
7. 采用闭式齿轮传动是防止齿面磨损的有效途径。（　　）
8. 开式齿轮传动主要的失效形式是齿面胶合和轮齿折断。（　　）

四、综合题

1. 操作题。

图3-19是钳工加工中所使用的台式钻床，它是通过五级带轮来改变主轴转速的，请完成台钻速度的调节并填写表3-4。

图3-19　台式钻床

表 3-4 台钻速度的调节工作记录表

一、训练任务	
台钻速度的调节及 V 带的张紧	
二、任务准备	
锤子、旋具	
三、任务实施	
内容	操作过程记录
调整台钻转速	
张紧 V 带	
任务测评	

测评内容	评价标准	自测	教师评价
调整台钻转速	能由高到低准确调整台钻转速		
	调整主、从动轮的先后顺序正确		
	手指放置位置正确		
张紧 V 带	V 带张紧方法正确，带在下压 10~15mm 范围内		

思考：调节台钻转速时应注意哪些问题？

2. 简答题。

（1）齿轮传动的应用特点。

（2）常用的润滑油有哪些？如何选用合适的润滑油？

3. 计算题。

（1）有一残缺的正常齿制标准直齿圆柱齿轮，齿数 $z=32$，现测得齿顶圆直径 $d_a=170\text{mm}$，试计算其分度圆直径、齿根圆直径、基圆直径、齿距及齿高。

（2）某工人进行技术革新，找到两个标准直齿圆柱齿轮，测得小齿轮齿顶圆直径为115mm，因大齿轮太大，只测出其齿高为11.25mm，两齿轮的齿数分别为21和98。试判断两齿轮是否可以正确啮合。

模块四

常用工程材料

情境导入

工程材料是社会发展的物质基础，随着工程材料的快速发展，它已经成为国民经济的重要基础和支柱性产业之一。工程材料是指用于制造各类零件、构件的材料和在机械制造过程中所使用的工艺材料。目前，随着社会进步和科技发展，工程材料在国民经济中的地位也越来越突出。例如，机械装备、铁路、化工、汽车、导弹、火箭、卫星等高科技领域都需要使用工程材料来制造。因此，工程材料在一个国家的国民经济中具有重要的地位，它是国民经济、人民日常生活及国防工业、科学技术发展必不可少的基础性材料和重要的战略物资。

思维导图

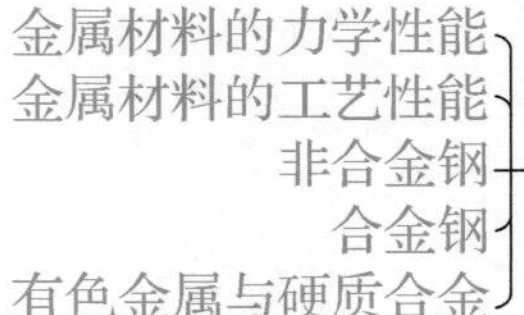

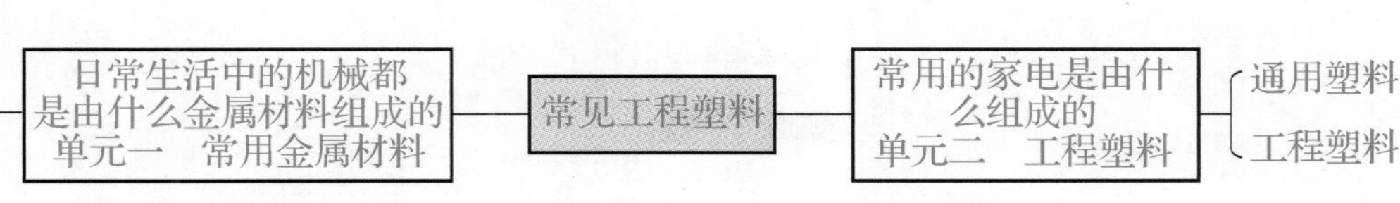

单元一　常用金属材料

知识目标： 1. 了解金属的力学性能，包括强度、塑性、硬度、冲击韧性、疲劳强度等概念。

2. 理解金属的工艺性能及其相关影响因素。
3. 描述金属材料的类型、用途。
4. 归纳工程用钢和有色金属及其合金的规格、性能、用途，能查阅相关手册。

技能目标： 1. 能够正确认识常用金属材料的类型、用途。
2. 能够根据零件的使用条件和要求，正确选用不同性能的金属材料。
3. 掌握常用工程用钢和有色金属及其合金的性能、用途。

素养目标： 1. 培养学生对所学知识进行归纳、整理的能力。
2. 引导学生善于发现生产中的实际问题，培养学生的观察能力和创新意识。

金属是由单一元素构成的具有特殊光泽、延展性、导电性、导热性的物质。合金是由一种金属元素与其他金属元素或非金属元素通过熔炼或其他方法合成的具有金属特性的物质。金属材料是金属及其合金的总称，即指金属元素或以金属元素为主构成的，具有金属特性的物质。

4.1.1 金属材料的力学性能

机械零件或工具在使用过程中往往要受到各种形式的外力作用。这就要求金属材料必须具有一种承受机械载荷而不超过许可变形及不被破坏的能力，这种能力就是材料的力学性能。

一、强度

金属在静载荷作用下抵抗塑性变形或断裂的能力称为强度。

抗拉强度是通过拉伸试验测定的。图 4-1 所示为拉伸试验机。

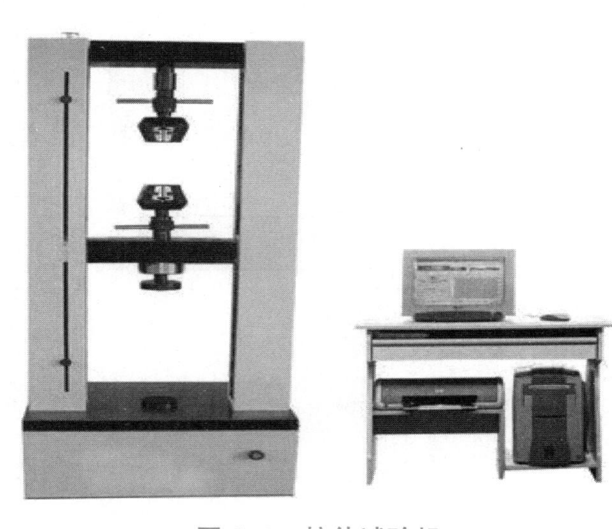

图 4-1 拉伸试验机

二、塑性

材料受力后在断裂之前产生塑性变形的能力称为塑性。

塑性好的材料，易于变形加工，而且在受力过大时，首先发生塑性变形而不致突然断裂，因此比较安全。

三、硬度

材料抵抗局部变形，特别是塑性变形、压痕或划痕的能力称为硬度。它是衡量材料软硬程度的指标。硬度越高，材料的耐磨性越好。

通常，硬度是通过在专用的硬度试验机上试验测得的。图 4-2 所示为硬度试验机。

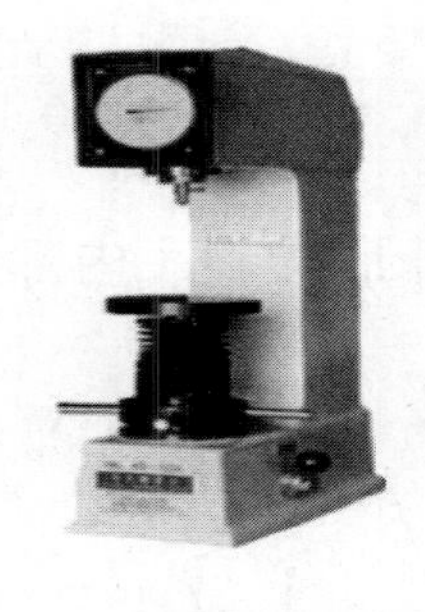

图 4-2　硬度试验机

四、冲击韧性

金属材料抵抗冲击载荷作用而不破坏的能力称为冲击韧性。材料的冲击韧性用夏比摆锤冲击试验机来测定。图 4-3 所示为夏比摆锤冲击试验机。

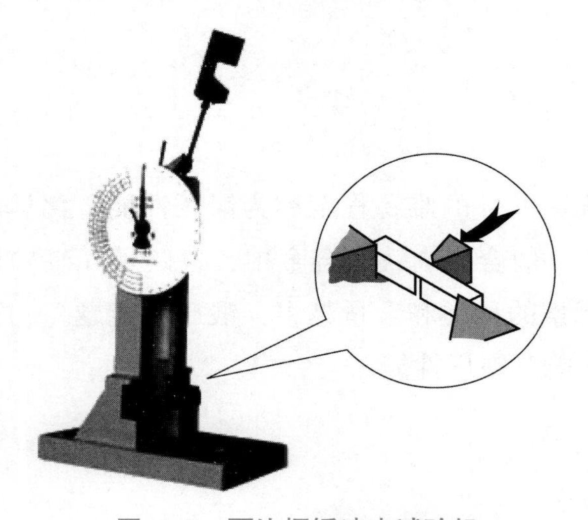

图 4-3　夏比摆锤冲击试验机

五、疲劳强度

金属材料抵抗交变载荷作用而不产生破坏的能力称为疲劳强度。

4.1.2 金属材料的工艺性能

金属材料的工艺性能是金属材料对不同加工工艺方法的适应能力，包括铸造性能、锻压性能、焊接性能、切削加工性能和热处理性能等。

一、铸造性能

铸造性能是铸造成形过程中获得外形准确、内部无明显缺陷铸件的能力。图4-4所示为铸造成形过程。

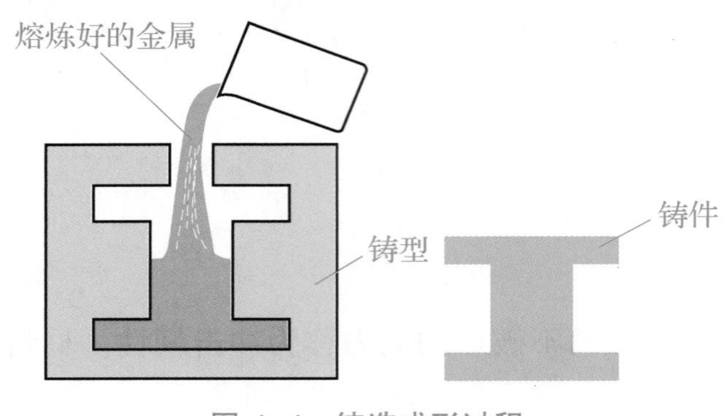

图4-4 铸造成形过程

二、锻压性能

用锻压成形方法获得优良锻件的难易程度称为锻压性能。化学成分会影响金属的锻压性能，纯金属的锻压性能优于一般合金。铁碳合金中，含碳量（碳的质量分数）越低，锻压性能越好；合金钢中，合金元素的种类和含量越多，锻压性能越差，如钢中的硫会降低锻压性能。金属组织的形式也会影响其锻压性能。

三、焊接性能

焊接性能是金属材料对焊接加工的适应性，即在一定的焊接工艺条件下，获得优质焊接接头的难易程度。对碳素钢和低合金钢而言，焊接性能主要与其化学成分有关（其中碳的影响最大），如低碳钢具有良好的焊接性能，而高碳钢和铸铁的焊接性能则较差。

四、切削加工性能

切削材料的难易程度称为材料的切削加工性能。影响切削加工性能的因素主要有化学成分、组织状态、硬度、韧性、导热性及形变强化等。

五、热处理性能

热处理是改善钢切削加工性能的重要途径，也是改善材料力学性能的重要途径。热处理性能包括淬透性、淬硬性、过热敏感性、变形开裂倾向、回火脆性倾向、氧化脱碳倾向等。

4.1.3 非合金钢

非合金钢是指钢中各元素含量低于规定值的铁碳合金。

非合金钢即碳素钢，其冶炼容易，价格低廉，性能可满足一般工程构件、普通机械零件和工具的使用要求，在工业中广泛应用，产量和用量占钢总产量的80%以上。

一、非合金钢的分类

1. 按非合金钢的含碳量分类

①低碳钢：含碳量≤0.25%。

②中碳钢：含碳量为0.25%~0.6%。

③高碳钢：含碳量≥0.60%。

2. 按非合金钢的质量等级分类

①普通碳素钢。

②特殊质量碳素钢。

③优质碳素钢。

3. 按非合金钢的用途分类

①碳素结构钢。

②碳素工具钢。

4. 其他分类方法

非合金钢还可以从其他角度进行分类。例如，按专业领域分为锅炉用钢、桥梁钢、矿用钢等；按冶炼方法分为转炉钢、电炉钢等。

二、常用非合金钢的性能和用途

1. 碳素结构钢

碳素结构钢是工程中应用最多的钢种，其产量约占钢总产量的70%~80%。碳素结构钢的杂质和非金属夹杂物较多，但冶炼容易，工艺性好，价格便宜，产量大，在性能上能满足一般工程结构及普遍零件的要求，因而应用广泛。

2. 优质碳素结构钢

优质碳素结构钢中所含硫、磷及非金属杂物较少，常用于制造重要的机械零件，使用前一般都要经过热处理来改善力学性能。

3. 碳素工具钢

由于大多数工具都要求高硬度和高耐磨性，故碳素工具钢的含碳量均在 0.70% 以上，都是优质钢或高级优质钢。

4.1.4 合金钢

在碳素钢的基础上，为了改善钢的性能，在冶炼时有目的地加入一种或数种合金元素的钢，称为合金钢。

合金钢具有较高的力学性能、淬透性和回火稳定性等，有的还具有耐热、耐酸、耐蚀等特殊性能，在机械制造中得到了广泛应用。

一、合金钢的分类

1. 按用途分类

①合金结构钢：用于制造机械零件和工程结构的钢。它们又可以分为低合金高强度钢、渗碳钢、调质钢、弹簧钢、滚动轴承钢等。

②合金工具钢：用于制造各种工具的钢，可分为刃具钢、模具钢和量具钢等。

③特殊性能钢：具有某种特殊物理、化学性能的钢，如不锈钢、耐热钢、耐磨钢等。

2. 按合金元素总含量分类

①低合金钢：合金元素总含量<5%。

②中合金钢：合金元素总含量 5%～10%。

③高合金钢：合金元素总含量>10%。

二、常用合金结构钢的用途

合金结构钢主要指机械结构用合金钢，它主要用于制造机械零件，如轴、连杆、齿轮、弹簧、轴承等，其属于特殊质量等级要求，一般需要热处理，以发挥钢材的力学性能潜力。

1. 合金渗碳钢

合金渗碳钢经渗碳、淬火、低温回火的典型热处理后，便具有“外硬内韧”的性能，用于制造既具有优良的耐磨性和耐疲劳性，又能承受冲击载荷的零件。图 4-5 所示为合金渗碳钢应用举例。

图 4-5 合金渗碳钢应用举例

2. 合金调质钢

合金调质钢用于制造一些受力较复杂的，要求具有良好的综合力学性能的重要结构件。图 4-6 所示为合金调质钢应用举例。

3. 合金弹簧钢

合金弹簧钢的含碳量一般为 0.45%～0.70%。图 4-7 所示为合金弹簧钢应用举例。

图 4-6 受力较复杂的结构件

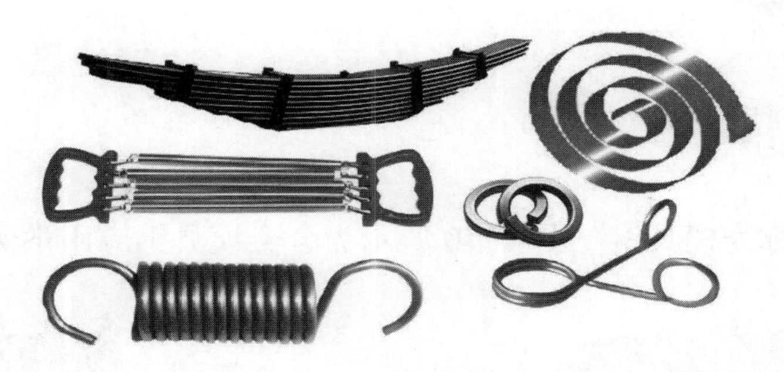

图 4-7 常见的各式弹簧

4. 滚动轴承钢

主要用来制造各种滚动轴承的内外圈及滚动体（滚珠、滚柱、滚针），也可用来制造各种工具和耐磨零件。图 4-8 为滚动轴承钢应用举例。

图 4-8 滚动轴承及构件

三、合金工具钢

合金工具钢按用途可分为合金刃具钢、合金模具钢和合金量具钢。

1. 合金刃具钢

合金刃具钢主要用来制造车刀、铣刀、钻头等各种金属切削刀具。刃具钢要求高硬度、耐磨、高热硬性及足够的强度和韧性等。图 4-9 所示为合金刃具钢应用举例。

图 4-9 钻头和铣刀

2. 合金模具钢

用于制造模具的钢称为模具钢。图 4-10 所示为合金模具钢应用举例。

(a) (b)

图 4-10 常用模具钢

（a）小型冲裁模；（b）挤压模

3. 合金量具钢

量具是测量工件尺寸的工具，如游标卡尺、量规和样板等。它们的工作部分一般要求具有高硬度、高耐磨性、高的尺寸稳定性和足够的韧性。图 4-11 所示为合金量具钢应用举例。

图 4-11　量规和样板

4.1.5　有色金属与硬质合金

常用的有色金属有铜与铜合金、铝与铝合金、钛与钛合金和滑动轴承合金等。

一、铜与铜合金

由于铜与铜合金具有良好的导电性、导热性、抗磁性、耐腐蚀性和工艺性，故它们在电气工业、仪表工业、造船业及机械制造业中得到了广泛应用。

1. 纯铜（Cu）

纯铜呈紫红色，故又称为紫铜。图 4-12 所示为铜丝。

图 4-12　铜丝

2. 铜合金

为了满足制作结构件的要求，工业上广泛采用在铜中加入合金元素而制成性能得到强化的铜合金，常用的铜合金可分为：黄铜、白铜、青铜。

（1）黄铜

黄铜是以锌为主加合金元素的铜合金。图4-13所示为黄铜的应用举例。

图4-13　黄铜的应用举例

（2）白铜

白铜是以镍为主加合金元素的铜合金。白铜具有高的耐腐蚀性和优良的冷、热加工性，是精密仪器仪表、化工机械、医疗器械及工艺品制造中的重要材料。

（3）青铜

青铜分为锡青铜和硅青铜。锡青铜是以锡为主要合金元素的铜合金。硅青铜具有很好的力学性能和耐腐蚀性能，并具有良好的铸造性能和冷、热变形加工性能，常用于制造耐腐蚀和耐磨零件。

二、铝与铝合金

铝是一种具有良好的导电传热性及延展性的轻金属。

铝中加入少量的铜、镁、锰等，形成坚硬的铝合金。图4-14所示为铝与铝合金的应用举例。

图4-14　铝与铝合金的应用举例

1. 铝与铝合金的性能特点

①密度小，熔点低，导电性、导热性好，磁化率低。

②抗大气腐蚀性能好。

③加工性能好。

2. 铝及铝合金的分类

①纯铝（Al）：按纯度分为高纯铝、工业高纯铝和工业纯铝。

②铝合金：根据成分特点和生产方式不同，分为变形铝合金和铸造铝合金。

变形铝合金根据性能不同又分为防锈铝、硬铝、超硬铝和锻铝。

单元二 工程塑料

知识目标：1. 了解新型工程塑料的发展。
2. 理解通用塑料及工程塑料的基本性能和用途。
3. 能通过查阅相关资料进行中外材料的对照。

技能目标：1. 掌握通用塑料的基本特性和用途。
2. 概述工程塑料的基本性能和用途。
3. 探讨工程塑料的发展前景。

素养目标：1. 遵守职业规范，培养学生高度的工作责任感与严谨、细致的工作作风。
2. 培养学生团结合作、相互交流、积极探讨、分析解决问题的能力。

塑料是一种以合成或天然的高分子化合物为主要成分，在一定的温度和压力条件下，可塑制成一定形状，当外力解除后，在常温下仍能保持其形状不变的材料。

按塑料使用特点分类，可分为通用塑料和工程塑料两种。

4.2.1 通用塑料

一、通用塑料的范畴

通用塑料是指常用塑料，这类塑料用途广、价钱较低。通常是指聚乙烯（PE）、聚丙烯（PP）、聚氯乙烯（PVC）、聚苯乙烯（PS）、ABS 等使用量大，长期使用温度在 100℃～150℃，可作为结构材料使用的塑料材料。

二、通用塑料的主要性能特点

①拉伸强度、冲击强度、刚性、耐磨性较好，但易受温度和湿度的影响。

②在低温和干燥条件下具有良好的电绝缘性，但在潮湿的环境中，电阻率和介电强度会

降低，介电常数和介质损耗明显增大。

③熔融温度比较高，熔融温度范围比较窄，有明显的熔点，热导率很低。

三、通用塑料应用范围

广泛应用于交通运输、机械工业、电子电器、包装材料、光学材料、医疗器械、生活日用品等方面。

4.2.2 工程塑料

一、工程塑料的概念

工程塑料是指一类可以作为结构材料，在较宽的温度范围内承受机械应力，在较为苛刻的化学物理环境中使用的高性能的高分子材料，有良好的机械性能和尺寸稳定性，在高、低温下仍能保持其优良性能，可以作为工程结构件的塑料。

二、工程塑料的性能特点

①具有优良的耐热和耐寒性能，在广泛的温度范围内机械性能优良，适宜作为结构材料使用。

②耐腐蚀性良好，受环境影响较小，有良好的耐久性。

③与金属材料相比，容易加工，生产效率高，并可简化程序，节省费用。

④有良好的尺寸稳定性和电绝缘性。

⑤密度小，比强度高，并具有突出的减摩、耐磨性。

三、工程塑料的应用范围

主要应用于家用器具（食品加工刀片、真空吸尘器元件、电风扇、头发干燥机壳体、咖啡器皿等）、电器元件（开关、电动机外壳、保险丝盒、计算机键盘按键等）和汽车工业（散热器格窗、车身嵌板、车轮盖、门窗部件等）。

上述工程塑料的优良性能，使它在工农业生产和人们的日常生活中具有广泛用途。它已从过去作为金属、玻璃、陶瓷、木材和纤维等材料的代用品，而一跃成为现代生活和尖端工业不可缺少的材料。

单元习题检测

一、填空题

1. 金属材料的力学性能包括__________、__________、__________、__________和疲劳强度等。

2. 金属材料的工艺性能包括____________、____________、焊接性能、____________和热处理性能。

3. 非合金钢按含碳量高低可以分为______________、______________、______________三类。

4. 合金钢按用途可以分为______________、______________和______________三类。

5. 常用的有色金属有______________、______________、钛与钛合金和滑动轴承合金等。

6. 以塑料使用特点分类，可分为______________、______________。

二、选择题

1. 金属在(　　)作用下抵抗塑性变形或断裂的能力称为强度。

A. 静载荷　　B. 动载荷　　C. 重物

2. 材料受力后在断裂之前产生(　　)的能力称为塑性。

A. 回弹　　B. 塑性变形　　C. 弯曲

3. 影响切削加工性能的因素主要有化学成分、组织状态、(　　)、韧性、导热性及形变强化等。

A. 硬度　　B. 强度　　C. 厚度

4. 由于大多数工具都要求高硬度和高耐磨性，故碳素工具钢的含碳量均在(　　)以上，都是优质钢或高级优质钢。

A. 10%　　B. 20%　　C. 0. 7%

三、判断题

1. 硬度是衡量材料软硬程度的指标。硬度越高，材料的耐磨性越好。(　　)

2. 纯金属的锻压性能差于一般合金。(　　)

3. 合金调质钢用于制造一些受力较复杂的，要求具有良好的综合力学性能的重要结构。(　　)

4. 工程塑料具有优良的耐热和耐寒性能。(　　)

四、简答题

1. 什么是金属的力学性能？它包括了哪些内容？

2. 常用非合金钢的性能和用途都包含了哪些内容？

3. 什么是合金钢？

4. 合金钢按主要用途可以分为哪几类？

5. 铝与铝合金的性能特点有哪些？

6. 通用塑料的主要性能特点有哪些？

7. 工程塑料的主要性能特点有哪些？

8. 以日常家用机电产品为例（家用电器、汽车等）作为讨论内容，分组分析和研讨：这些产品是如何充分利用工程材料的？我们要从中学习和借鉴哪些经验？

模块五

钳工基础

情境导入

钳工是以手工操作为主的切削加工的方法。钳工是一种比较复杂、细微、工艺要求较高的工作。目前虽然有各种先进的加工方法，但钳工具有所用工具简单、加工多样灵活、操作方便、适应面广等特点，所以有很多工作仍需要由钳工来完成。钳工在机械制造及机械维修中有着特殊的、不可取代的作用。钳工实习可以锻炼同学们，提高同学们的整体综合素质，使大家不但对钳工实习的重要意义有了深刻的认识，而且能提高大家的实践动手能力，更好地将理论与实际相结合。在实习结束的时候，看着精美的工件是由自己亲手磨制而成的，这种自豪感和成就感更是难以用语言表达的。常见学生钳工作品如图 5-1 所示。

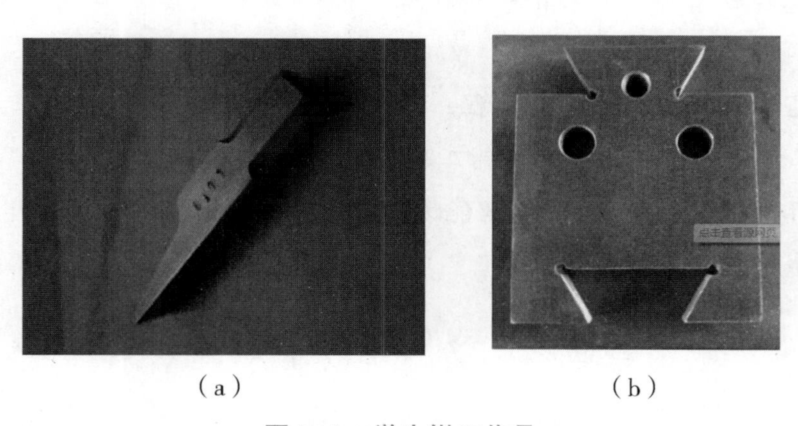

（a）　　　　（b）

图 5-1　学生钳工作品

（a）手锤；（b）凹凸件

思维导图

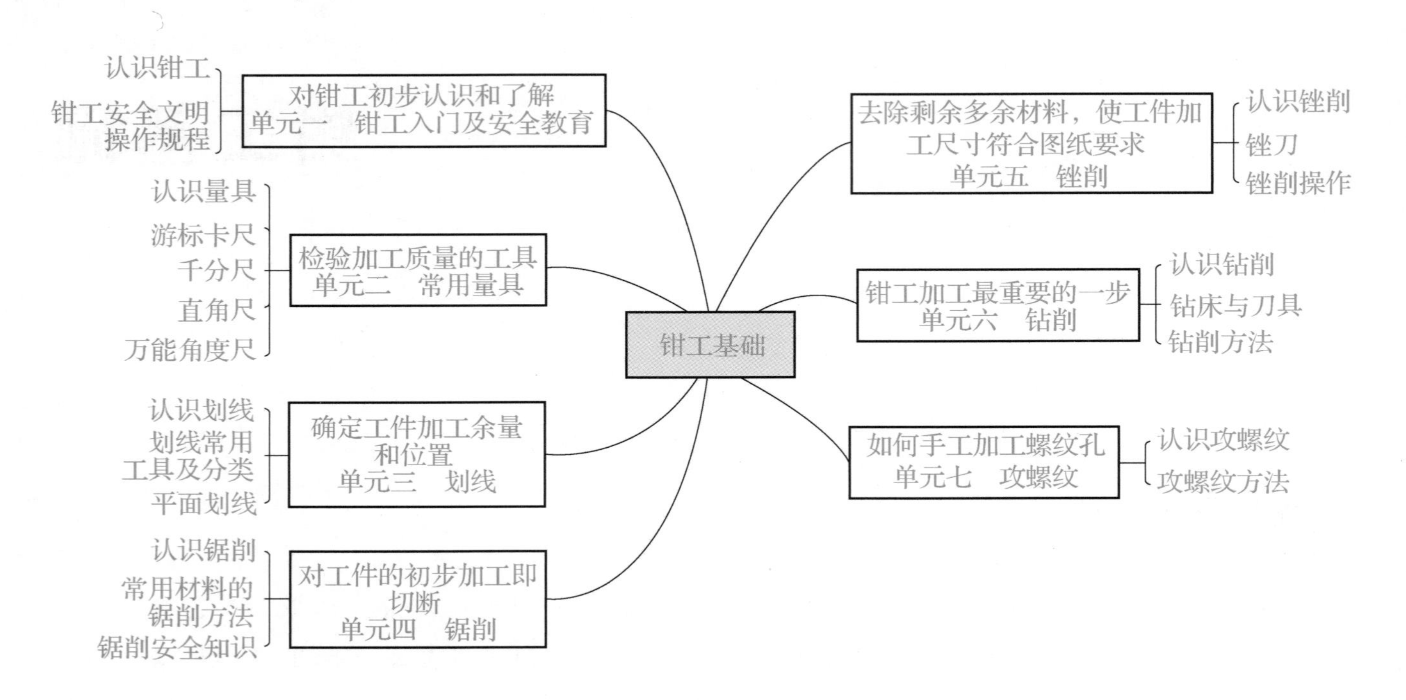

单元一　钳工入门及安全教育

知识目标： 1. 熟悉钳工工作台、砂轮机和钻床。
2. 了解钳工的特点。
3. 掌握钳工安全文明操作规程。

技能目标： 在钳工加工中能够正确应用钳工安全文明操作规程进行操作。

素养目标： 1. 培养和锻炼学生6S的管理能力。
2. 养成安全工作的习惯。

5.1.1　认识钳工

钳工主要是利用台虎钳、各种手用工具和一些机械工具来完成某些零件的加工、机器或部件的装配和调试，以及各类机械的维护与修理等工作。

其基本操作有零件测量、划线、錾削、锯割、锉削、钻孔、攻丝及套丝等。

一、钳工常用加工设备

1. 钳工工作台

钳工工作台简称钳台，如图 5-2 所示。常用硬质木板或钢材制成，要求坚实、平稳，台面高度 800~900mm，台面上装台虎钳和防护网。

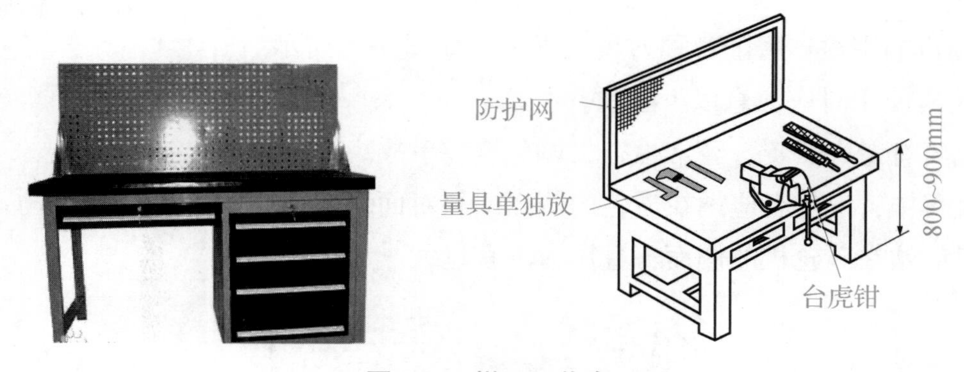

图 5-2　钳工工作台

2. 台虎钳

台虎钳用来夹持工件，其规格以钳口的宽度来表示，常用的有 100mm、125mm、150mm 三种，如图 5-3 所示。

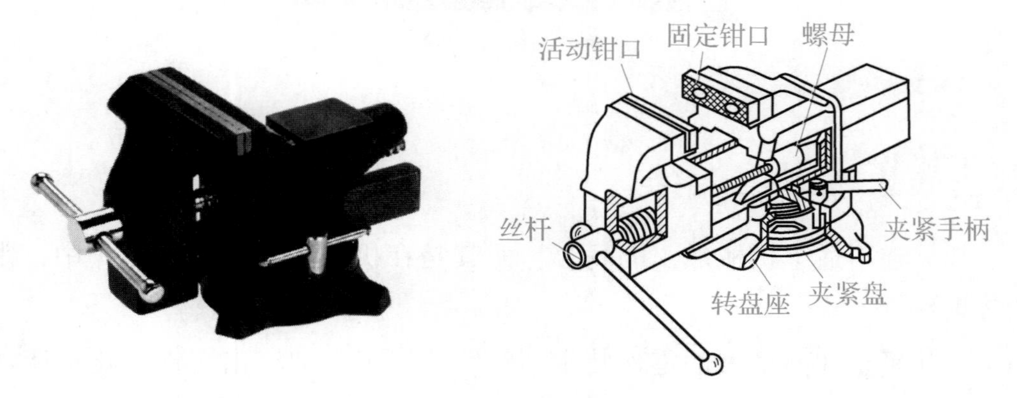

图 5-3　台虎钳

使用台虎钳时应注意以下事项。

①工件尽量夹在钳口中部，以使钳口受力均匀。

②夹紧后的工件应稳定可靠，便于加工，并不产生变形。

③夹紧工件时，一般只允许依靠手的力量来扳动手柄，不能用手锤敲击手柄或随意套上长管子来扳手柄，以免丝杆、螺母或钳身损坏。

④不要在活动钳身的光滑表面进行敲击作业，以免降低配合性能。

⑤加工时用力方向最好朝向固定钳身。

3. 台钻

台式钻床简称台钻，如图5-4所示。台钻是指可安放在作业台上，主轴竖直布置的小型钻床。台钻主要用于钻孔。一般为手动进给，其转速由带轮调节获得。台钻灵活性较大，可适用于很多场合。一般台钻的钻孔直径在13mm以下。

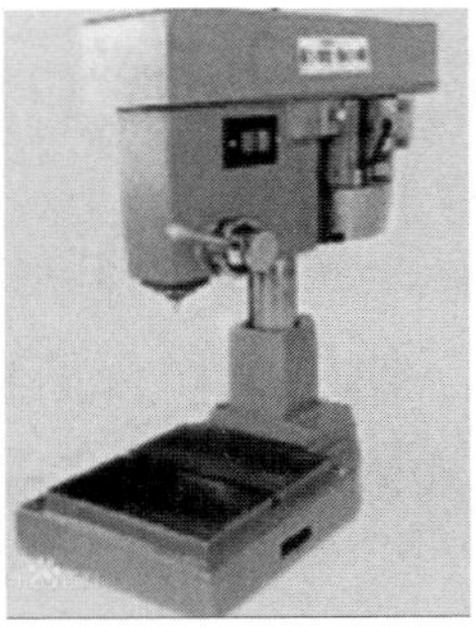

图5-4　台钻

4. 砂轮机

（1）砂轮机的用途：磨削各种刀具或工具，如图5-5所示。

（2）砂轮机使用时应注意以下事项。

①砂轮机要有专人负责，经常检查，以免造成事故。

②磨削过程中，操作者应站在砂轮的侧面或斜对面，而不要站在正对面。

③磨削时应站在砂轮机的侧面，且用力不宜过大。

图5-5　砂轮机

二、钳工操作特点

①加工灵活。在不适于机械加工的场合，尤其是在机械设备的维修工作中，钳工加工可获得满意的效果。

②可加工形状复杂和高精度的零件技术。熟练的钳工可加工出比现代化机床加工的零件还要精密和光洁的零件，也可以加工出现代化机床无法加工的形状非常复杂的零件，如高精度量具、样板、开头复杂的模具等。

③投资小。钳工加工所用工具和设备价格低廉，携带方便。

④生产效率低，劳动强度大。

⑤加工质量不稳定。加工质量的高低受工人技术熟练程度的影响。

5.1.2　钳工安全文明操作规程

为了保证同学们在实习过程中的安全，请在实习过程中严格遵守如下操作规程。

①在进入场地实习前必须穿好工作服，女同学要戴好工作帽，不允许穿拖鞋、短裤或者

裙子进入实习场地。

②不得在车间内追逐、打闹、喧哗。

③不得擅自使用不熟悉的机床、工具和量具。

④设备在使用前要检查，发现有故障时应及时报告教师。

⑤工作台面上严禁乱放乱堆，工具和量具分开摆放。

⑥清理铁屑时，不得用手清除或者用嘴吹，要用刷子进行清理。

⑦工作结束后及时将设备（如钻床、砂轮机）关机。

⑧离开实习教室时，要进行清理打扫并将工具和量具整齐地摆放在指定位置。

单元二　常用量具

知识目标： 1. 了解常用量具的类型。
2. 了解长度单位基准。

技能目标： 1. 能正确选用各类量具进行测量。
2. 能对各类量具进行正确维护。

素养目标： 1. 培养学生维护保养量具的习惯。
2. 提高学生的自学能力和创新能力。

5.2.1　认识量具

在生产中，为保证零件的加工质量，要对加工出来的零件按照要求进行表面粗糙度、尺寸精度、形状精度和位置精度的测量，所使用的工具为量具。

钳工在制作零件、检修设备、安装调试等工作中，均需要用量具检测加工质量是否合乎要求。所以熟悉量具的结构、性能及其使用方法，是技术人员确保产品质量的一项重要技能。

为了保证加工出来符合要求的零件，在加工过程中要对工件进行测量，对已经加工完的零件要进行检验，这就要求根据测量的内容和精度要求选用适当的量具。用来测量、检验零件及产品尺寸和形状的工具叫作量具。

常用量具有游标卡尺、千分尺、直角尺及万能角度尺等。

机械加工中的长度单位有：

1 毫米 = 100 丝 = 1 000 微米；

1 丝 = 0.01 毫米 = 0.000 01 米。

5.2.2 游标卡尺

游标卡尺如图5-6所示，是一种中等精度的通用量具，可以直接测量工件的内径、外径、宽度、长度、厚度、深度及中心距等。读数精确度有1/10mm（0.1）、1/50mm（0.02）、1/20mm（0.05）三种；测量范围有10～125mm、0～200mm、0～300mm。使用时，根据零件精度要求及零件尺寸大小进行选择。

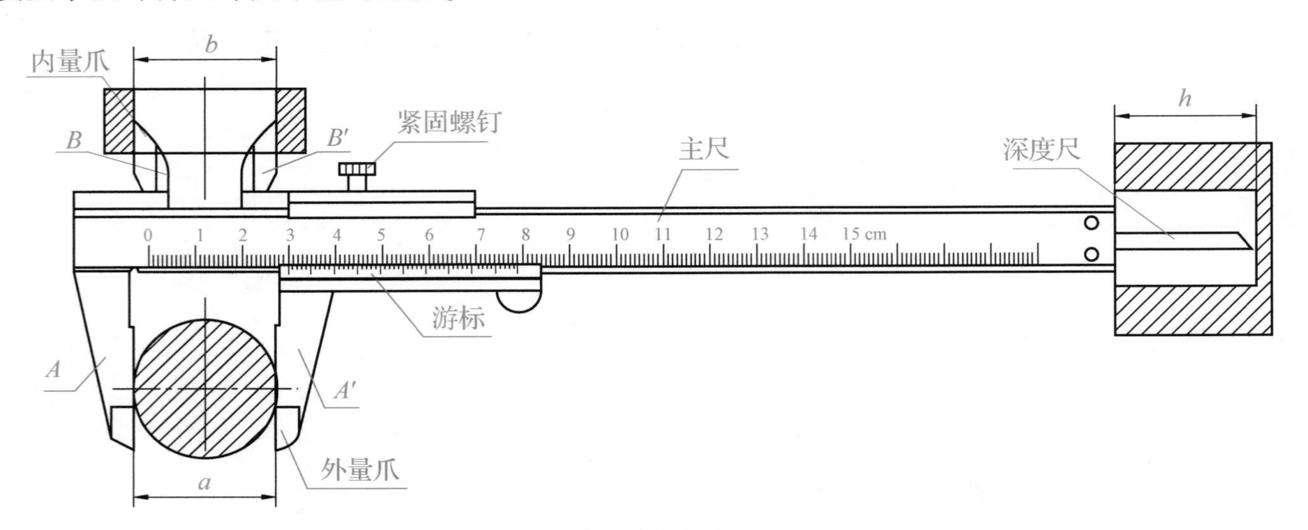

图5-6 游标卡尺

一、测量范围

游标卡尺测量范围，如图5-7所示。

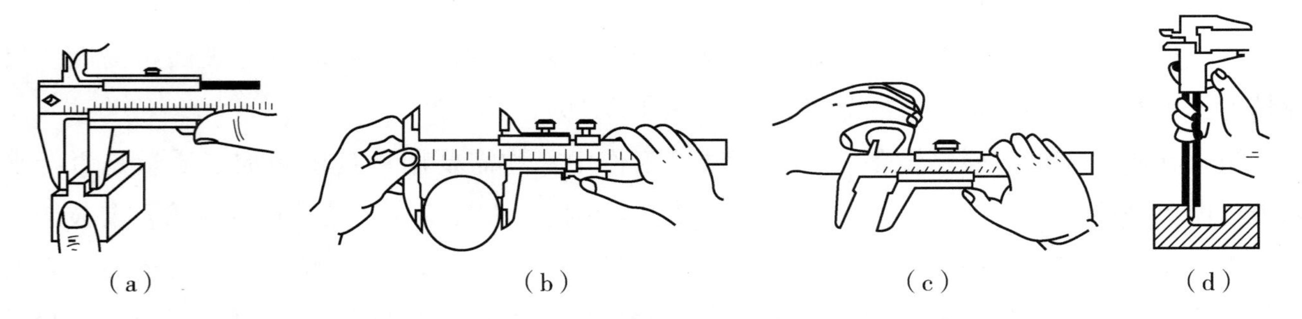

图5-7 游标卡尺测量范围

(a) 测量宽度；(b) 测量外径；(c) 测量内径；(d) 测量深度

二、读数方法

游标卡尺测量读数时，先在尺身上读出最大的整数（mm），然后在游标上找到与尺身刻度线对齐的刻线，并数清格数，用格数乘0.02mm（1/50mm游标卡尺）得到小数，将尺身上读出的整数与游标上得到的小数相加就得到测量的尺寸。

三、游标卡尺使用注意事项

1. 检查零线

使用前应先擦净卡尺、合拢卡爪，检查尺身和游标的零线是否对齐，如对不齐，应送计量部门检修。

2. 放正卡尺

测量内、外圆时，卡尺应垂直于工件轴线，使两卡爪处于最大直径处。

3. 用力适当

当卡爪与工件被测量面接触时，用力不能过大，否则会使卡爪变形、磨损，使测量精度下降。

4. 准确读数

读数时视线要对准所读刻线并垂直尺面，否则读数不准。

5. 防止松动

未读出读数之前游标卡尺离开工件表面，须将紧固螺钉拧紧。

6. 严禁违规

不得用游标卡尺测量毛坯表面和正在运动的工件。

四、游标卡尺的维护保养

①游标卡尺必须经检定合格后方可使用。

②使用前，应将游标卡尺的测量面和工件的被测量面擦拭干净，防止铁屑、毛刺、油污等带来测量误差。

③游标卡尺不能在工件转动或移动时进行测量，否则容易使量具磨损甚至发生事故。

④游标卡尺要经常擦油润滑，应防锈、防磁，使用后要擦拭干净放入包装盒内。

⑤游标卡尺不能用于金属零件的划线，也不能用来敲击硬物或撬动其他物体，防止尺身损坏和变形。

⑥游标卡尺不可放置于高温场所，防止受热变形。

⑦不能把卡尺插在口袋中或别在皮带上，避免跌落损坏。

⑧电子数显卡尺不能喷防锈油，可关掉电源用酒精擦拭。

5.2.3　千分尺

一、外径千分尺

千分尺是测量中最常用的精密量具之一，又称螺旋测微器、螺旋测微仪、分厘卡等。按照用途不同可分为外径千分尺、内径千分尺、深度千分尺、内测千分尺和螺纹千分尺。千分

尺的测量精度为0.01mm。

图5-8所示是测量范围为0～25mm的外径千分尺。尺架的左端有测砧，右端的固定套筒在轴线方向刻有一条中线（基准线），上下两排刻线互相错开0.5mm，形成主尺。微分筒左端圆周上均布50条刻线，形成副尺。微分筒和测微螺杆连在一起，当微分筒转动一周，带动测微螺杆沿轴向移动1个螺距0.5mm，因此，微分筒转过一格，测微螺杆轴向移动的距离为0.5mm÷50=0.01mm，此尺的测量精度就是0.01mm。

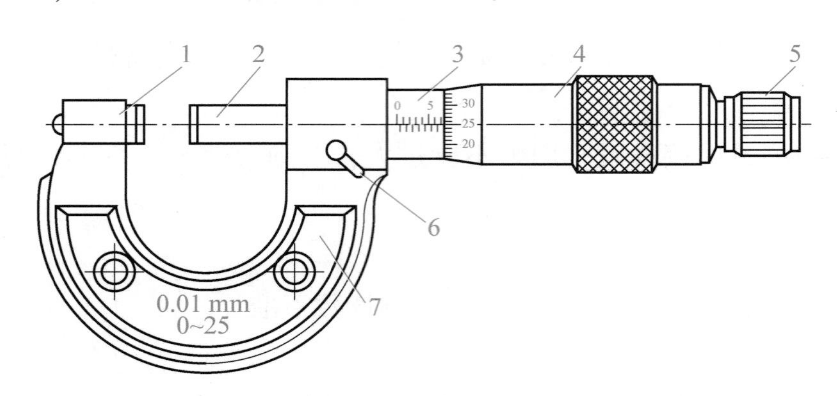

图5-8 外径千分尺

1—测砧；2—测微螺杆；3—固定套筒；4—微分筒；5—棘轮；6—锁紧钮；7—尺架

二、其他类型千分尺

其他类型千分尺有内径千分尺（见图5-9）、深度千分尺（见图5-10）、螺纹千分尺（见图5-11）。

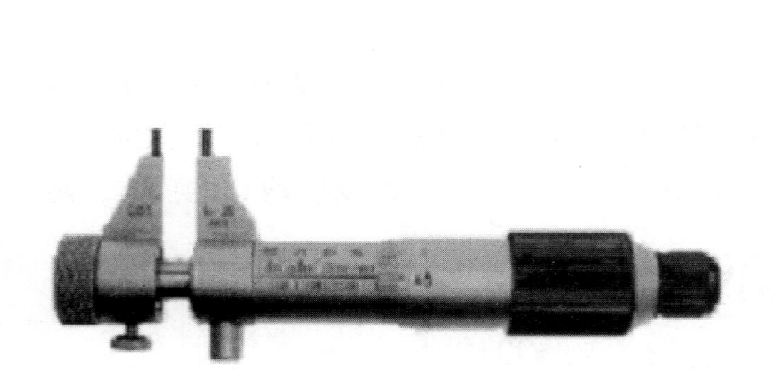

图5-9 内径千分尺

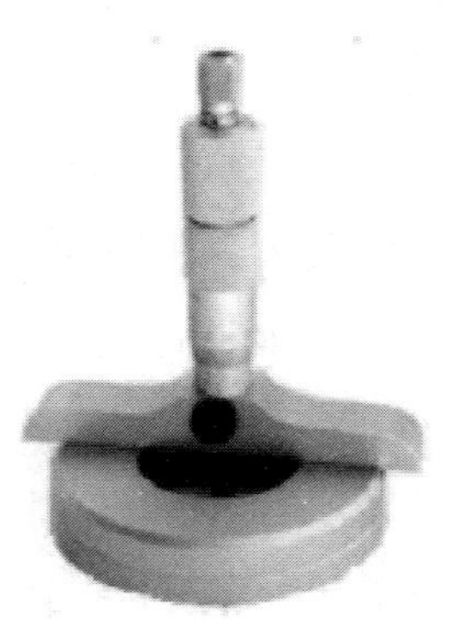

图5-10 深度千分尺

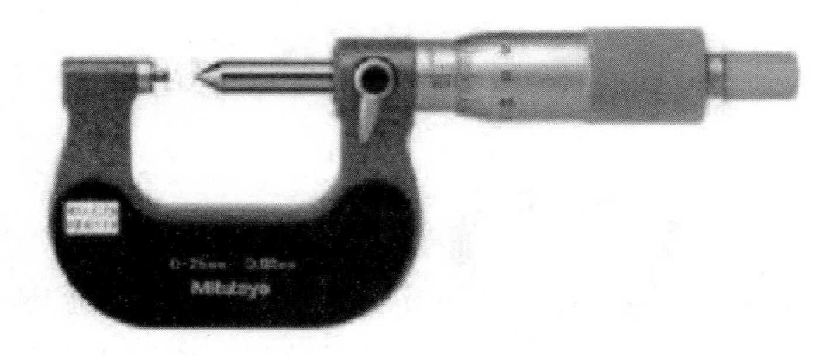

图5-11 螺纹千分尺

三、千分尺的正确使用及保养

①检查零位线是否准确。

②测量时需把工件被测量面擦干净。

③工件较大时应放在 V 形铁或平板上测量。

④测量前将测量杆和砧座擦干净。

⑤拧活动套筒时需用棘轮装置。

⑥不要拧松后盖，以免造成零位线改变。

⑦不要在固定套筒和活动套筒间加入普通机油。

⑧用后擦净上油，放入专用盒内，置于干燥处。

5.2.4　直角尺

一、直角尺

直角尺简称为角尺，如图 5-12（a）所示，是用来检查工件垂直度的非刻线量尺。使用时，将其一边与工件的基准面贴合，然后使其另一边与工件的另一表面接触。根据光隙可以判断误差状况，也可用塞尺测量其缝隙大小，如图 5-12（b）所示。直角尺也可以用来划线保证垂直度。

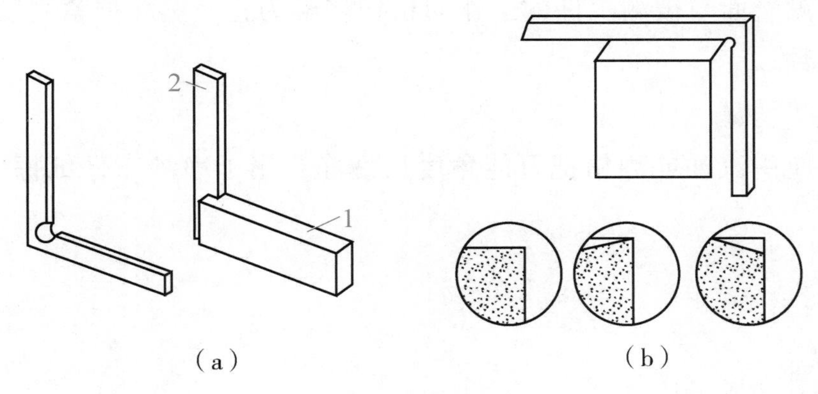

图 5-12　直角尺及使用

1—尺座；2—尺苗

二、直角尺的维护与保养

在使用直角尺的过程中要一手托短边一手扶长边；进行检测时，绝不允许手提长边搬动、直角尺倒放，以防变形，影响精度。

使用完毕后，应将直角尺擦拭干净，涂油保管。

5.2.5　万能角度尺

一、万能角度尺定义及作用

万能角度尺主要用来测量零件的角度，如图5-13所示。扇形板带动游标可以沿主尺移动；角尺可用卡块紧固在扇形板上；可移动的直尺又可用卡块固定在角尺上；基尺与主尺连成一体。

适用于机械加工中的内、外角度测量，可测0°~320°外角及40°~130°内角。

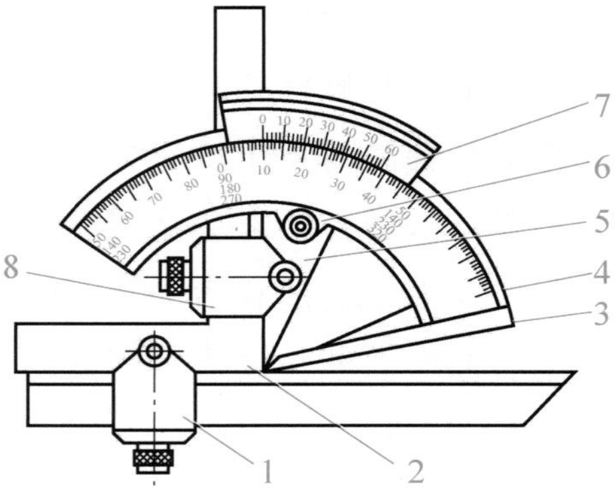

图5-13　万能角度尺

1，8—卡块；2—直尺；3—基尺；4—主尺；5—扇形板；6—制动器；7—游标

二、万能角度尺的使用及保养

1. 使用前的检查步骤

使用前，先将万能角度尺擦拭干净，再检查各部件的相互作用是否移动，平稳可靠，止动后的读数是否不动，然后对零位。

2. 测量中的具体操作

测量时，放松制动器上的螺帽，移动主尺作粗调整，再转动游标背面的手把作精细调整，直到使角度尺的两测量面与被测工件的工作面密切接触为止。然后拧紧制动器上的螺帽加以固定，即可进行读数。

3. 使用后的保养方法

测量完毕后，应用汽油或酒精把万能角度尺洗净，用干净纱布仔细擦干，涂以防锈油，然后装入匣内。

单元三　划线

知识目标： 1. 了解划线的种类。

2. 熟悉划线工具。

3. 掌握基本线条划线方法。

技能目标： 能正确进行一般零件的平面划线。

素养目标： 培养学生综合分析、解决问题的能力。

5.3.1　认识划线

划线是钳工的基本技能之一，是确定工件加工余量、明确尺寸界限的重要方法。

划线是指在毛坯或工件上，用划线工具划出待加工部位的轮廓线或作为基准的点、线的操作方法。

划线分为平面划线和立体划线两种。

按所划线在加工过程中的作用又分为找正线、加工线和检验线。

5.3.2　划线常用工具及分类

一、划线工具按用途分类

1. 基准工具

包括划线平台、方箱、V 形铁、三角铁、弯板（直角板）以及各种分度头等。

2. 量具

包括钢板尺、量高尺、游标卡尺、万能角度尺、直角尺以及测量长尺寸的钢卷尺等。

3. 绘划工具

包括划针、划线盘、游标高度尺、划规、划卡、平尺、曲线板以及手锤、样冲等。

4. 辅助工具

包括垫铁、千斤顶、C 形夹头和夹钳以及找中心划圆时打入工件孔中的木条、铅条等。

二、划线工具

1. 划线平台

划线平台一般由铸铁制成，如图 5-14 所示。工作表面经过精刨或刮削，也可采用精磨加工而成。较大的划线平台由多块组成，适用于大型工件划线。它的工作表面应保持水平并具有较好的平面度，是划线或检测的基准。

图 5-14　划线平台

2. 方箱

方箱一般由铸铁制成，如图 5-15 所示。各表面均经刨削及精刮加工，六面成直角，工件夹到方箱的 V 形槽中，能迅速地划出三个方向的垂线。

3. 划针

划针一般由4~6mm弹簧钢丝或高速钢制成，尖端淬硬，或在尖端焊接上硬质合金，如图5-16所示。划针是用来在被划线的工件表面沿着钢板尺、直尺、角尺或样板进行划线的工具，有直划针和弯头划针之分。

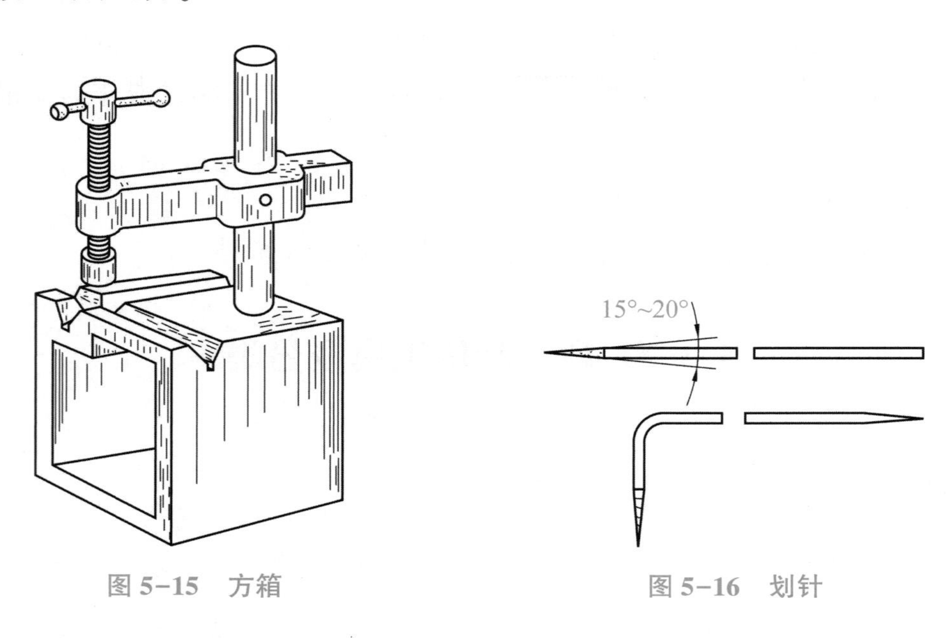

图5-15　方箱　　　　图5-16　划针

4. 样冲

样冲用于在已划好的线上冲眼，以保证划线标记、尺寸界限及确定中心。样冲一般由工具钢制成，尖梢部位淬硬，也可以由较小直径的报废铰刀、多刃铣刀改制而成，如图5-17所示。

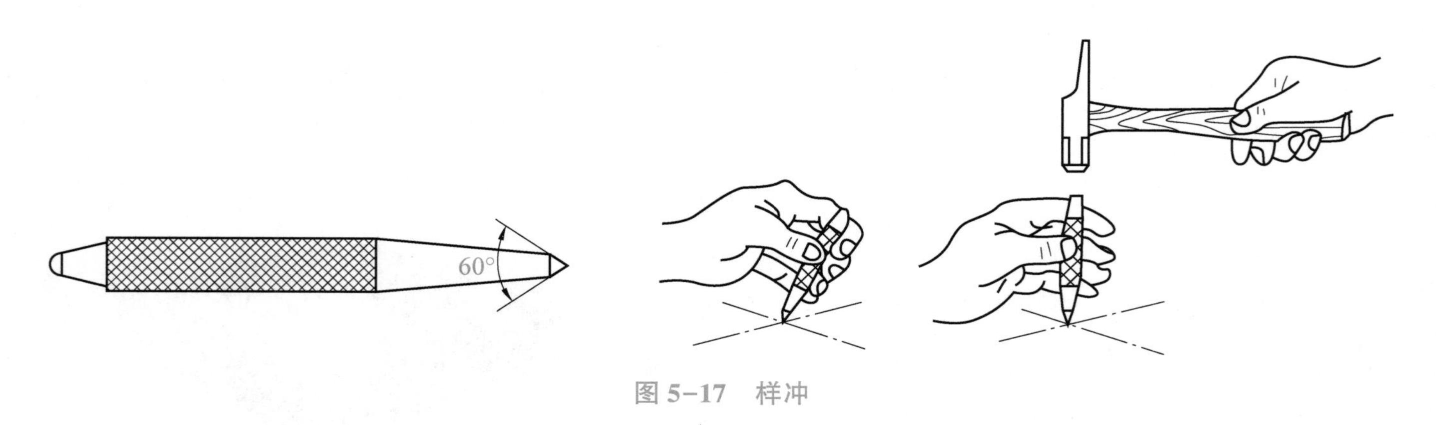

图5-17　样冲

5. 钢板尺

钢板尺是一种简单的尺寸量具，如图5-18所示。在尺面上刻有尺寸刻线，最小刻线距离为0.5mm，它的长度规格有150mm、300mm、500mm、1 000mm等多种。主要用来量取尺寸、测量工件，也可以作划直线的导向工具。

6. 游标高度尺

游标高度尺（又称划线高度尺）由尺身、游标、划针脚和底盘组成，如图5-19所示。能直接表示出高度尺寸，其读数精度一般为 0.02mm，一般作为精密划线工具使用。

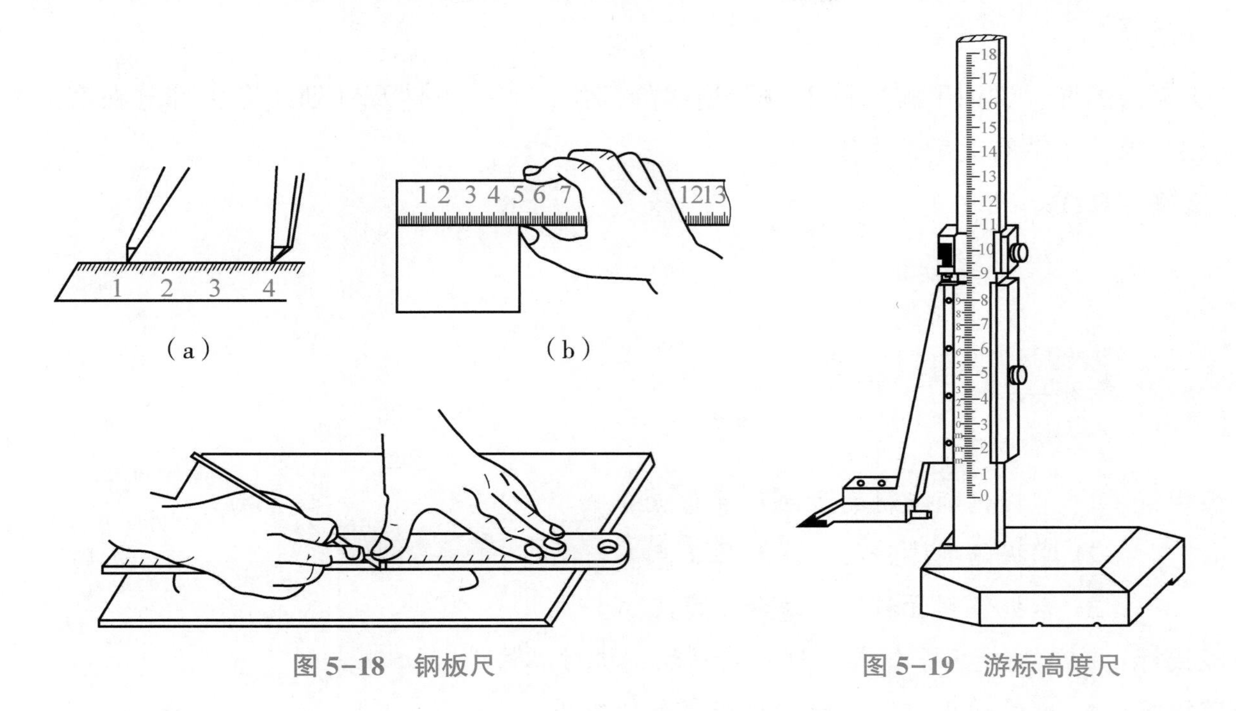

图 5-18　钢板尺

图 5-19　游标高度尺

7. V 形铁

一般由铸铁或碳钢精制而成，如图 5-20 所示，相邻各面互相垂直，主要用来支承轴、套筒、圆盘等圆形工件，以便于找中心和划中心线，保证划线的准确性，同时保证了稳定性。

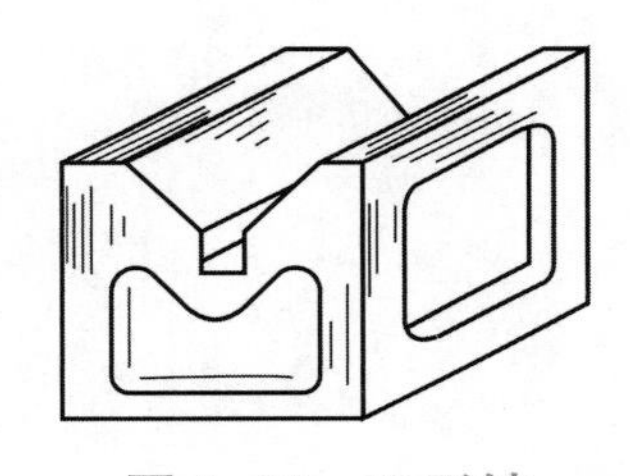

图 5-20　V 形铁

5.3.3　平面划线

只需在工件一个表面上划线就能明确表示工件加工界线的划线称平面划线。

一、划线的准备工作

①首先必须安装调试划线平台使之保持水平，能达到划线的要求。

②将平台擦拭干净，确保划线平台不存在任何问题。

③在使用过程中，尽量减少工件和划线平台面过度的碰撞，避免损坏划线平台的表面，工件重量应不超过额定负载。

④清理工件，对铸、锻件应将型砂、毛刺和氧化皮等除掉，并用钢丝刷刷干净。

⑤分析图纸了解工件的加工部位和要求，选择好划线基准。

⑥在工件的划线部位，按工件不同涂上合适的涂料。

⑦擦干净划线平板，准备好所用的划线工具等。

二、划线的步骤

①看清图样，详细了解工件上需要划线的部位；明确工件及其划线有关部分在产品中的作用和要求；了解有关后续加工工艺。

②确定划线基准。

单元四 锯削

知识目标： 1. 掌握锯削板料的方法和注意点。
2. 掌握锯削棒料的方法和注意点。
3. 掌握锯削管料的方法和注意点。

技能目标： 能正确使用手锯或手持式电动切割机对工件进行切割。

素养目标： 1. 培养学生观察事物、分析事物的能力。
2. 培养学生实践动手能力和团队协作能力。

5.4.1 认识锯削

虽然当前各种自动化、机械化的切割设备已被广泛使用，但手锯切割还是常见的。它具有方便、简单和灵活的特点，在单件小批生产、临时工地，以及切割异形工件、开槽、修整等场合应用较广。因此手锯切割是钳工需要掌握的基本操作之一。

利用锯条锯断金属材料（或工件）或在工件上进行切槽的操作称为锯割。

一、手锯

手锯主要由锯弓和锯条组成。

1. 锯弓

锯弓的作用是装夹并张紧锯条，且便于双手操作。锯弓分为固定式和活动式两种，如图5-21和图5-22所示。

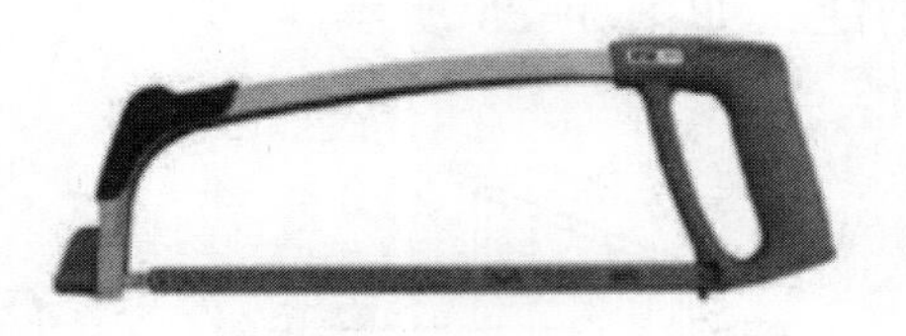

图 5-21 固定式锯弓

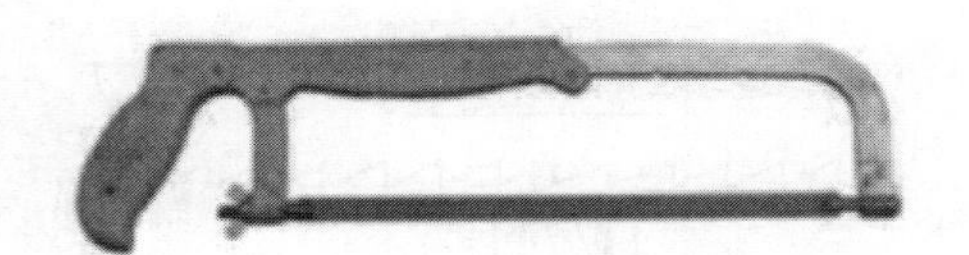

图 5-22 活动式锯弓

2. 锯条

锯条是用碳素工具钢（如 T10 或 T12）或合金工具钢经热处理制成的。

锯条的规格以锯条两端安装孔间的距离来表示（长度有 150~400mm）。常用的锯条是长 399mm、宽 12mm、厚 0. 8mm。

二、锯条安装

①锯弓弓架的销钉配合正确。

②锯条锯齿朝前。

③旋紧蝶形螺母，拉紧锯条。

④正确安装如图 5-23 所示。

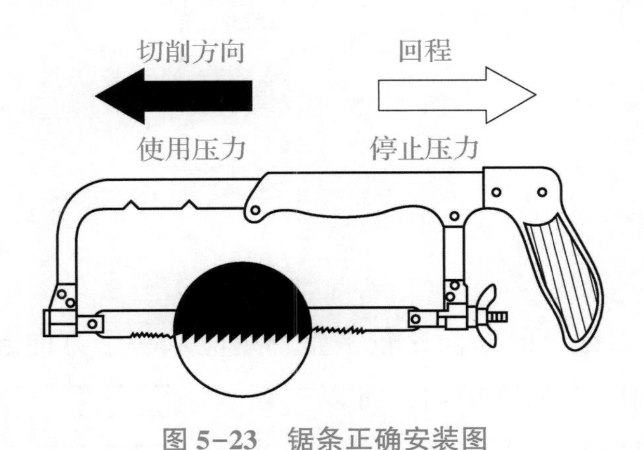

图 5-23 锯条正确安装图

5. 4. 2 常见材料的锯削方法

一、板料

锯削板料时，应从板料较宽的面下锯，这样可使锯缝的深度较浅而整齐，锯条不致卡住。

如果只能从板料的窄面锯削时，可用两块木块夹持薄板料，连木块一起锯削，如图 5-24 所示，这样可以避免崩齿和减少振动。

另一种方法是把薄板料夹在台虎钳上，用手锯横向斜推锯，使薄板料与锯齿接触的齿数增加，这样避免锯齿被钩住，同时能增加工件的刚性，如图 5-25 所示。

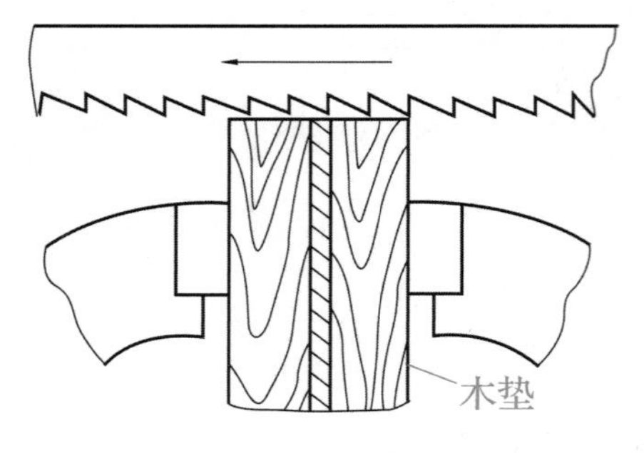

图 5-24　木块夹持

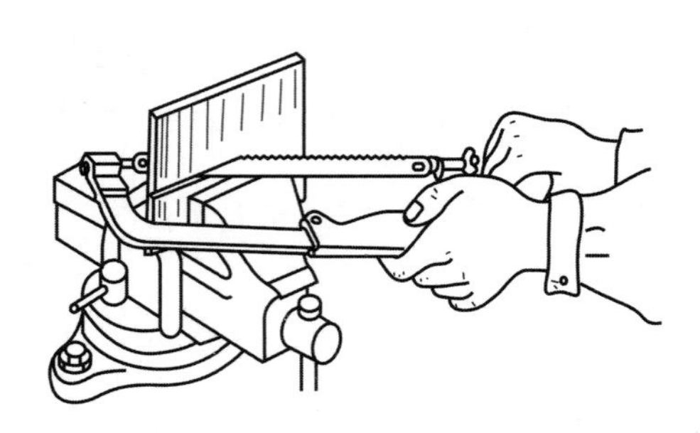

图 5-25　横向斜推锯

当锯缝的深度超过锯弓高度时，称这种缝为深缝，如图 5-26 所示；在锯弓快要碰到工件时，应将锯条拆出并转过 90°重新安装，如图 5-27 所示；或把锯条转过 180°，使锯齿朝着锯弓背进行锯削，如图 5-28 所示，使锯弓背不与工件相碰。

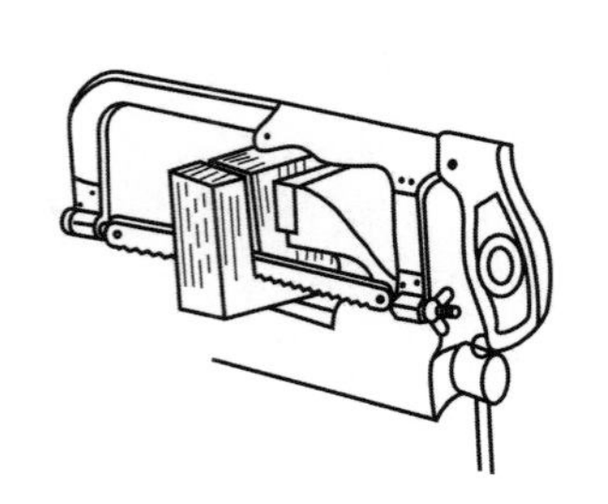

图 5-26　深缝锯削

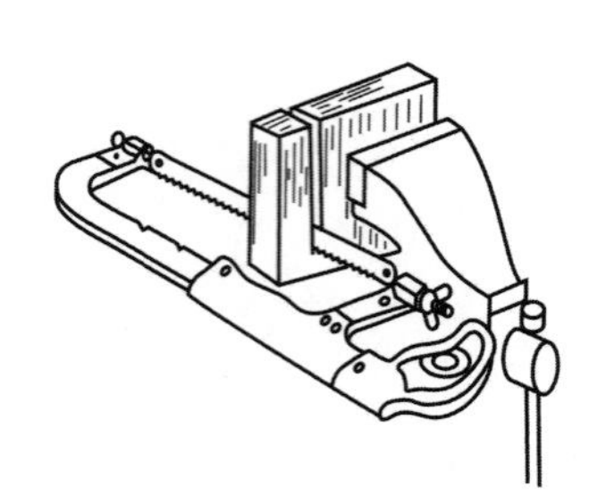

图 5-27　锯条转 90°

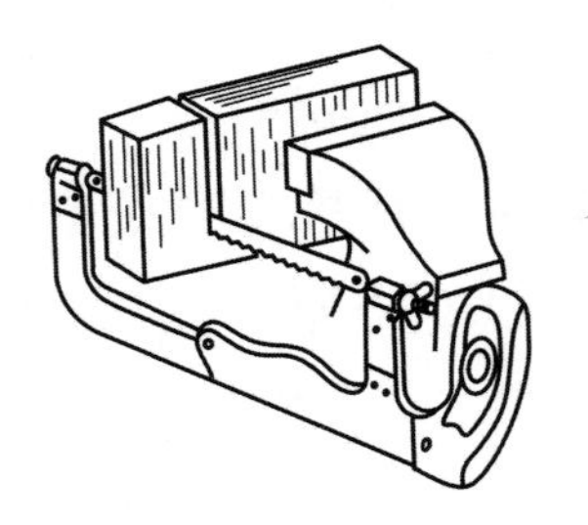

图 5-28　锯条转 180°

二、棒料

锯削棒料时，如果要求锯出的断面比较平整，则应从一个方向起锯直到结束。若对断面的要求不高，为减小切削阻力和摩擦力，可以在锯入一定深度后再将棒料转过一定角度重新起锯。如此反复几次从不同方向锯削，最后锯断，如图 5-29 所示，其优点是起锯较省力。

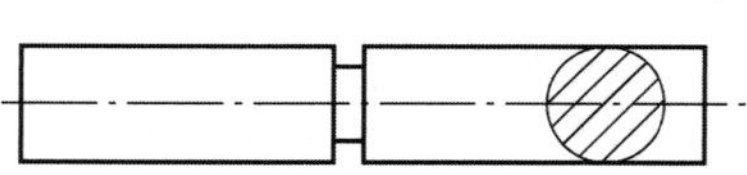

图 5-29　棒料锯削

三、管料

若锯削薄管子，应使用两块木制 V 形或弧形槽垫块夹持，以防夹扁管子或夹坏表面，如图 5-30 所示。锯削时不能仅从一个方向锯起，否则管壁易钩住锯齿而使锯条折断。正确的锯法是沿一个方向锯到管子的内壁处，然后向推锯方向把管子转过一角度再起锯，且仍锯到内壁处，如此逐次进行直至锯断，如图 5-31 所示。

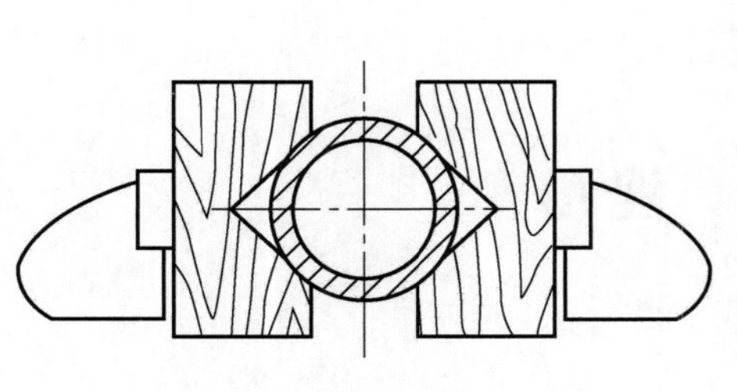

图 5-30　管子的夹持

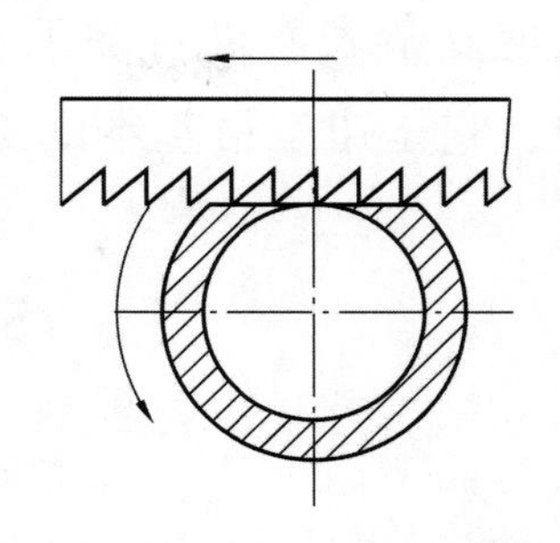

图 5-31　管子的锯削方法

5.4.3　锯削安全知识

锯削安全注意事项。

①锯条松紧要适度。

②工件即将锯断时要减少压力，防止工件断落时造成事故，并用左手扶住要掉落的工件。

③锯削时要控制好力度，防止锯条突然折断失控使人受伤。

单元五　锉削

知识目标： 1. 了解锉刀的结构。

2. 了解锉刀的分类和规格。

3. 掌握平面锉削的方法。

技能目标： 1. 会正确选用锉削工具、电动角向磨光机、电动抛光机。

2. 会锉削简单的平面工件或立体工件。

素养目标： 1. 培养学生吃苦耐劳的精神和良好的职业道德。

2. 培养注重细节的态度和爱护工、量具的习惯。

5.5.1　认识锉削

锉削是指用锉刀对工件表面进行切削，使它达到图纸要求的形状、尺寸和表面粗糙度的加工方法。一般锉削是在锯削、錾削之后对工件进行精度较高的加工。锉削精度可达 0.01mm，表面粗糙度可达 *Ra*0.8。

锉削加工简便，工件范围广，多用于錾削、锯削之后。可对工件上的平面、曲面、内外圆弧、沟槽以及其他复杂表面进行加工。锉削广泛应用于零件加工、部件装配、机械修配等单件小批量生产中，它是钳工最基本的操作之一。

5.5.2 锉刀

一、锉刀结构

锉刀由锉刀面、锉刀边、锉刀舌、锉刀尾、锉柄等部分组成，如图5-32所示。

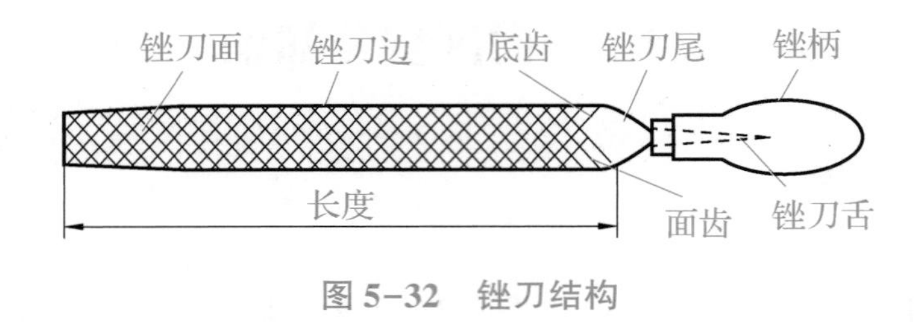

图5-32 锉刀结构

二、锉刀分类

按用途来分，可将锉刀分为普通锉、特种锉和整形锉三类。

1. 普通锉

普通锉按其断面形状不同可分为平锉（板锉）、方锉、三角锉、半圆锉和圆锉五种，如图5-33所示。

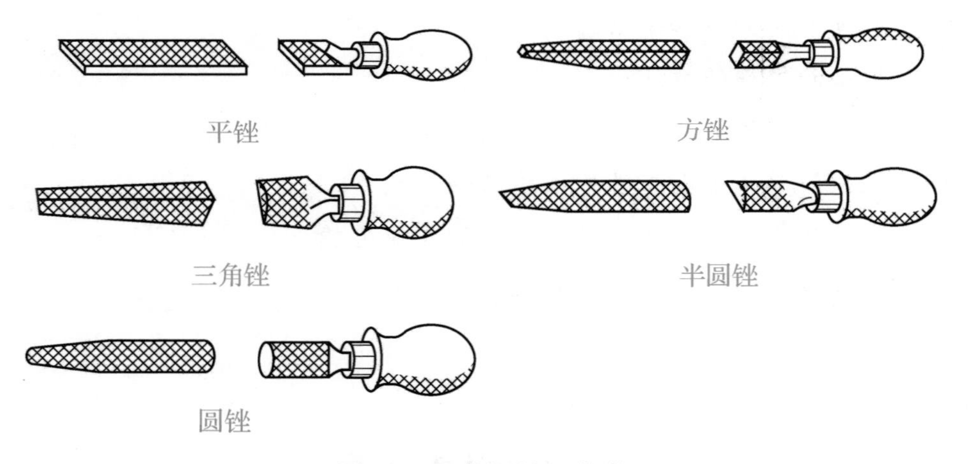

图5-33 普通锉刀分类

2. 特种锉

特种锉是用来加工零件的特殊表面的，如图5-34所示，有刀口锉、菱形锉、扁三角锉、椭圆锉、圆肚锉等。

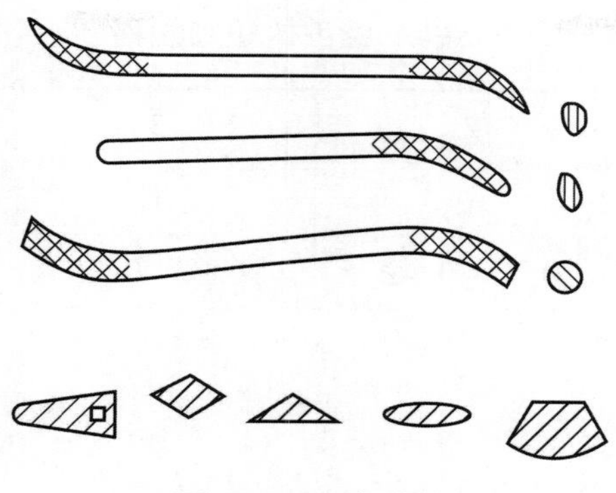

图 5-34　特种锉

3. 整形锉

整形锉又称什锦锉或组锉，如图 5-35 所示，因分组配备各种断面形状的小锉而得名，主要用于修整工件上的细小部分。通常以 5 把、6 把、8 把、10 把、12 把为一组。

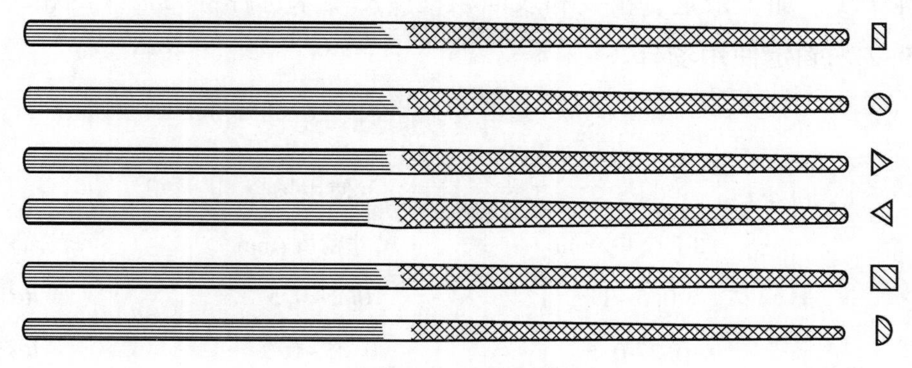

图 5-35　整形锉

三、锉刀规格

锉刀规格分尺寸规格和齿纹的粗细规格。

1. 尺寸规格

不同的锉刀用不同参数表示。圆锉以直径表示，方锉以边长表示，其余以长度表示。如平锉常用的有 100mm（4in①）、150mm（6in）、200mm（8in）、250mm（10in）、300mm（12in）等。

2. 齿纹的粗细规格

齿纹的粗细规格是按锉刀齿纹的齿距大小来表示的。根据锉齿的粗细可将锉刀分为粗锉、中锉、细锉、精锉、油光锉五类，相应为：1 号纹（粗锉刀）、2 号纹（中锉刀）、3 号纹（细锉刀）、4 号纹（精锉刀）、5 号纹（油光锉刀）。锉刀的粗细规格如表 5-1 所示。

---

① 1in = 25.4mm。

表 5-1 锉刀的粗细规格

锉纹号	1	2	3	4	5
习惯称呼	粗	中	细	精	油光
齿距/mm	2. 3~0. 8	0. 77~0. 42	0. 33~0. 25	0. 25~0. 2	0. 2~0. 16

四、锉刀的选用

合理地选用锉刀，对保证加工质量、提高工作效率和延长锉刀寿命具有很大的影响。

一般选择原则应遵循以下几点。

①根据工件形状选择锉刀的形状。

②根据工件加工面的大小选择锉刀的尺寸规格。

③根据材料软硬、加工余量、精度和表面粗糙度的要求选择锉刀齿纹的粗细。

可根据表 5-2 来确定使用场合。

表 5-2 常用锉刀的使用场合

锉刀	使用场合		
	加工余量/mm	尺寸精度/mm	表面粗糙度/μm
粗齿锉	0. 5~1	0. 2~0. 5	Ra100~25
中齿锉	0. 2~0. 5	0. 05~0. 2	Ra25~6. 3
细齿锉	0. 05	0. 01~0. 05	Ra12. 5~3. 2

5. 5. 3 锉削操作

一、工件的装夹

①工件应尽量夹在台虎钳的中间，伸出部分不能太高。

②工件夹持要牢固，但不能将工件夹变形。

③几何形状特殊的工件，夹持时要加衬垫。

④对已加工的表面或精密工件，夹持时要加软钳口，并保持钳口清洁。

二、锉刀的握法

①右手紧握锉柄，柄端抵在拇指根部的手掌上，大拇指放在锉柄上部，其余手指由下而上地握着锉柄。

②左手的基本握法是将拇指根部的肌肉压在锉刀上，拇指自然伸直，其余四指弯向手心，用中指、无名指捏住锉前端。

③锉削时，右手推动锉刀并决定推动方向，左手协同右手使锉刀保持平衡。锉刀的握法如图 5-36 所示。

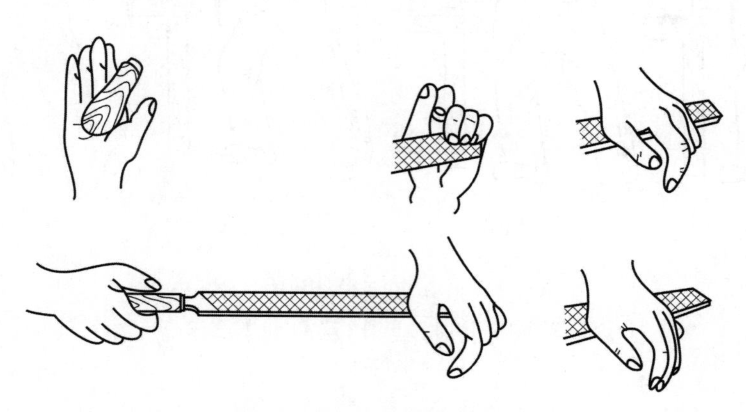

图 5-36　锉刀的握法

三、锉削姿势

1. 锉削时站立步位

锉削时，操作者面对台虎钳，站在台虎钳中心线左侧，身体稍向前倾，与台虎钳约成 45°角，左膝弯曲，右腿伸直，两手端平锉刀，使锉刀和右小臂成一直线。锉削时两手握住锉刀放在工件上面，左臂弯曲，小臂与工件锉削面的左右方向保持基本平行，右小臂要与工件锉削面的前后方向保持基本平行，但要自然。锉削时的站立步位如图 5-37 所示。

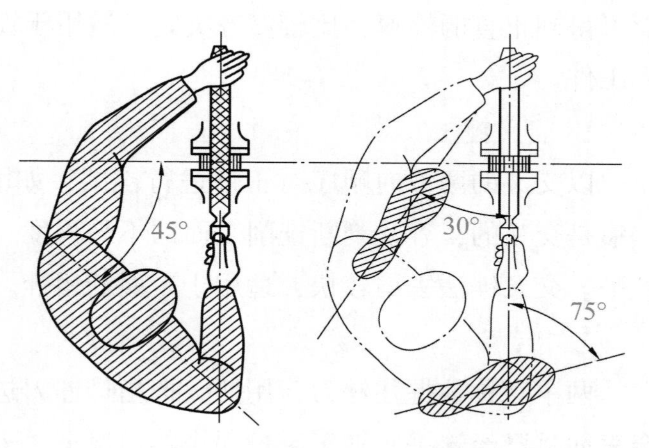

图 5-37　锉削时的站立步位

2. 锉削时身体姿势

①锉削时左腿弯曲，右腿伸直，身体重心落在左脚上，两脚始终站稳不动，靠左腿的伸屈作往复运动。手臂和身体的运动要互相配合，并要使锉刀的全长充分利用。开始锉削时身体要向前倾 10°左右，左肘弯曲，右肘向后但不可太大，如图 5-38（a）所示。

②锉刀推出 1/3 行程时，身体向前倾斜 15°左右，这时左腿稍弯曲，左肘稍直，右臂向前推，如图 5-38（b）所示。

③锉刀继续推出 2/3 行程时，身体逐渐倾斜到 18°左右。左腿继续弯曲，左肘渐直，右臂向前使锉刀继续推进，直到推尽，如图 5-38（c）所示。

④锉刀推尽后，身体随着锉刀的反作用退回到 15°位置。行程结束，把锉刀略微抬起，使身体与手恢复到开始时的姿势，如此反复，如图 5-38（d）所示。

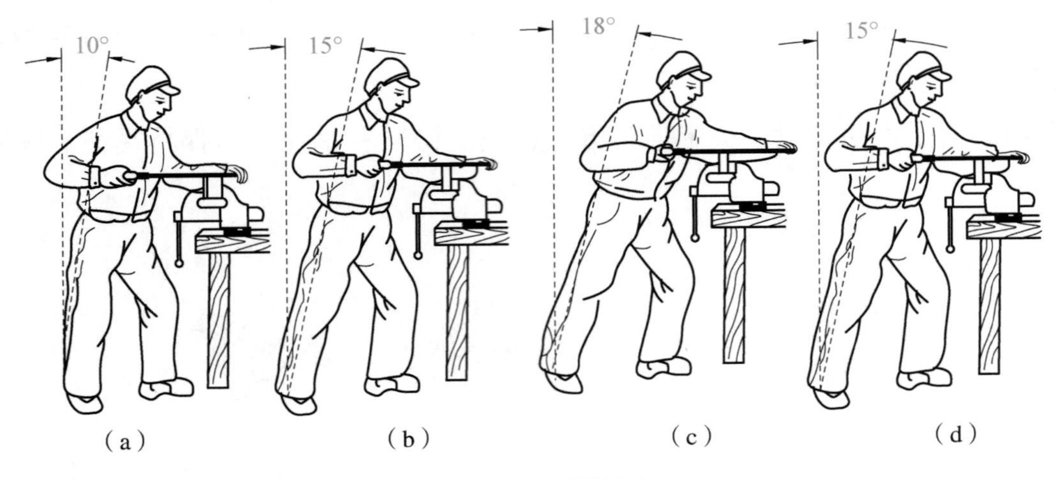

图 5-38 锉削姿势

（a）开始锉削；（b）锉刀推出 1/3 的行程；（c）锉刀推出 2/3 的行程；（d）锉刀行程推尽时

四、平面锉削方法

1. 顺向锉法

锉刀沿着工件表面横向或纵向移动，如图 5-39 所示，锉削平面可得到正直的锉痕，比较整齐美观。适用于锉削小平面和最后修光工件。

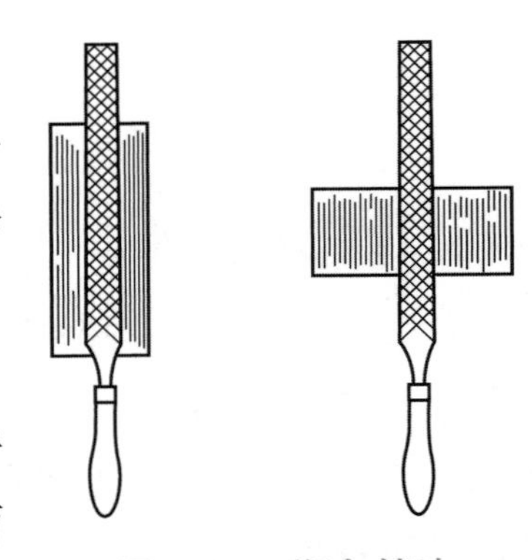

图 5-39 顺向锉法

2. 交叉锉法

以交叉的两方向顺序对工件进行锉削，如图 5-40 所示。由于锉痕是交叉的，容易判断锉削表面的不平程度，因而也容易把表面锉平。交叉锉法去屑较快，适用于平面的粗锉。

3. 推锉法

两手对称地握住锉刀，用两大拇指推锉刀进行锉削，如图 5-41 所示。这种方法适用于较窄表面且已经锉平、加工余量很小的情况下，来修正尺寸和减小表面粗糙度。

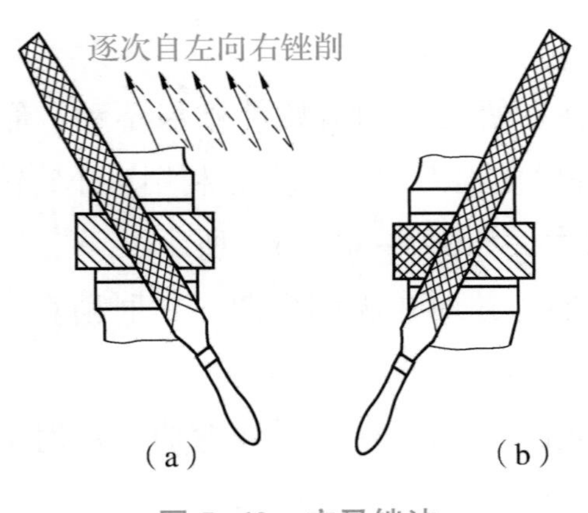

图 5-40 交叉锉法

（a）第一锉向；（b）第二锉向

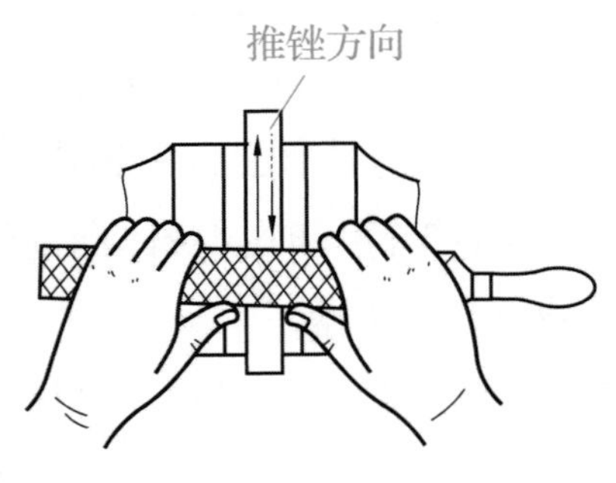

图 5-41 推锉法

单元六　钻削

知识目标：1. 了解钻床的结构。
2. 了解钻头的结构。
3. 熟练掌握钻头的装卸方法。

技能目标：1. 能够正确操作台钻和手电钻。
2. 能够正确地在工件上钻孔。

素养目标：1. 培养学生发现问题、解决问题的能力。
2. 培养学生精益求精的工匠精神。

5.6.1　认识钻削

钻削就是用钻头或扩孔钻在工件上加工孔的方法，包括用钻头在实体材料上加工孔的钻孔和用扩孔钻扩大已钻出（或制出）孔孔径的扩孔。

可进行粗加工、半精加工和精加工。

特点：钻削加工属于定尺寸切削加工，孔径尺寸受到刀具直径的限制。

加工范围：主要用于钻孔、扩孔和铰孔，也可以用来攻螺纹、锪沉头孔及锪凸台端面，如图 5-42 所示。

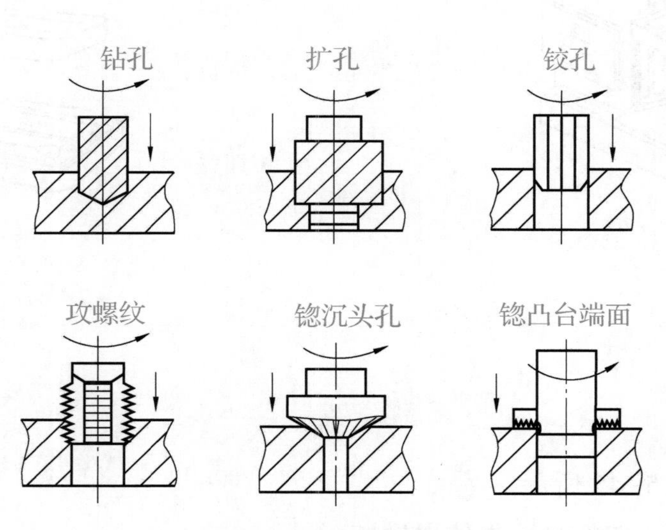

图 5-42　钻削加工范围

5.6.2 钻床与刀具

一、钻床

钻床分为摇臂钻床、立式钻床、台式钻床、深孔钻床、中心孔钻床等。

钻床通常用于加工尺寸较小、精度要求不高的孔。

1. 立式钻床

立式钻床如图 5-43 所示。

特点：主轴轴线位置固定，需调整工件位置，使被加工孔中心线对准刀具的旋转中心线。

适用范围：加工多个孔需移动工件，适用于加工中、小型工件上较大的孔。

2. 台式钻床

台式钻床如图 5-44 所示。

特点：结构简单小巧，使用方便灵活。

适用范围：直径小于 16mm 的孔。

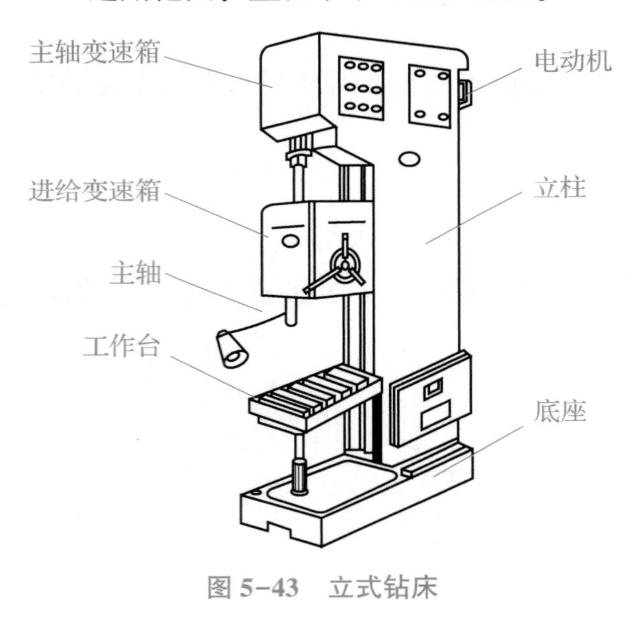

图 5-43 立式钻床

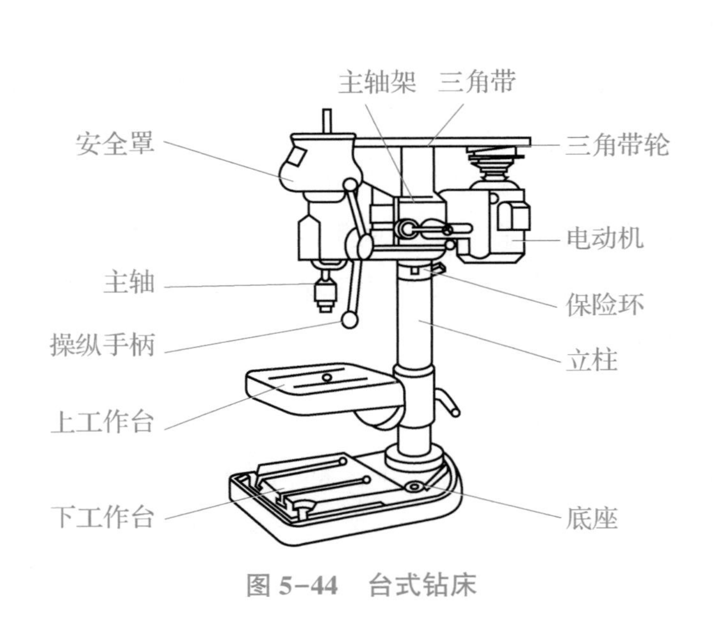

图 5-44 台式钻床

二、麻花钻

1. 麻花钻的组成

麻花钻的组成如图 5-45 所示。

①刀柄：夹持部分，切削时用来传递转矩。

②刀体：主要组成部分，包括切削部分与导向部分，起切削和导向作用。

③颈部：刀柄与刀体间的过渡部分，在麻花钻制造的磨削过程中起退刀槽作用。

2. 麻花钻的切削部分

麻花钻的切削部分名称如图 5-46 所示。

①两对称螺旋槽：形成切削刃和前角，排屑、输送切削液。

②螺旋槽边缘两条棱边：减小钻头与孔壁的摩擦面积和修光孔壁。

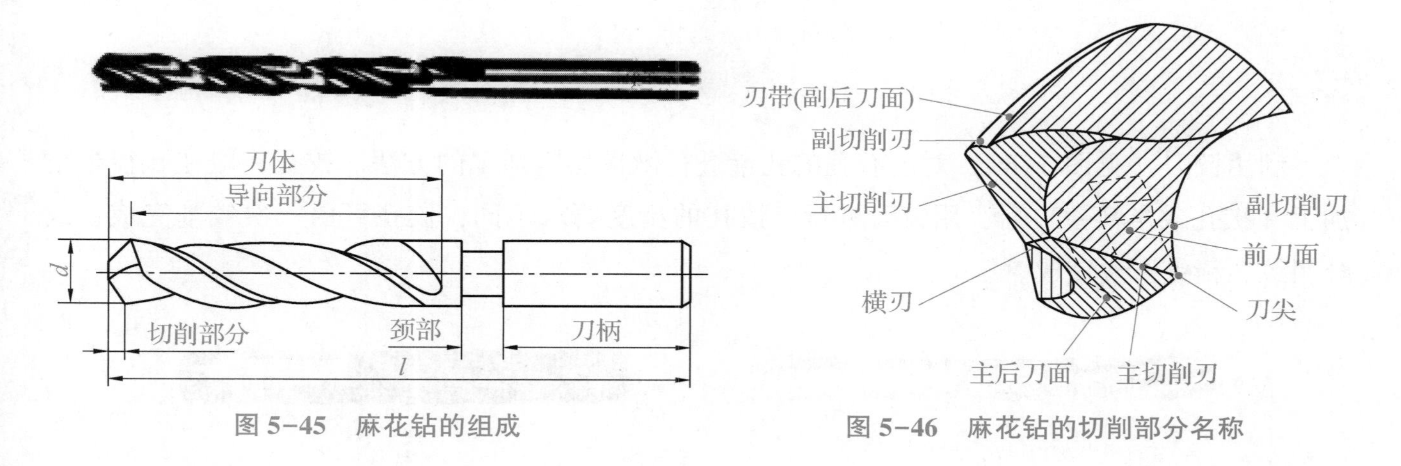

图 5-45　麻花钻的组成　　图 5-46　麻花钻的切削部分名称

5.6.3　钻削方法

1. 钻孔

利用钻头在实体材料上加工出孔的加工方法称为钻孔，如图 5-47 所示。

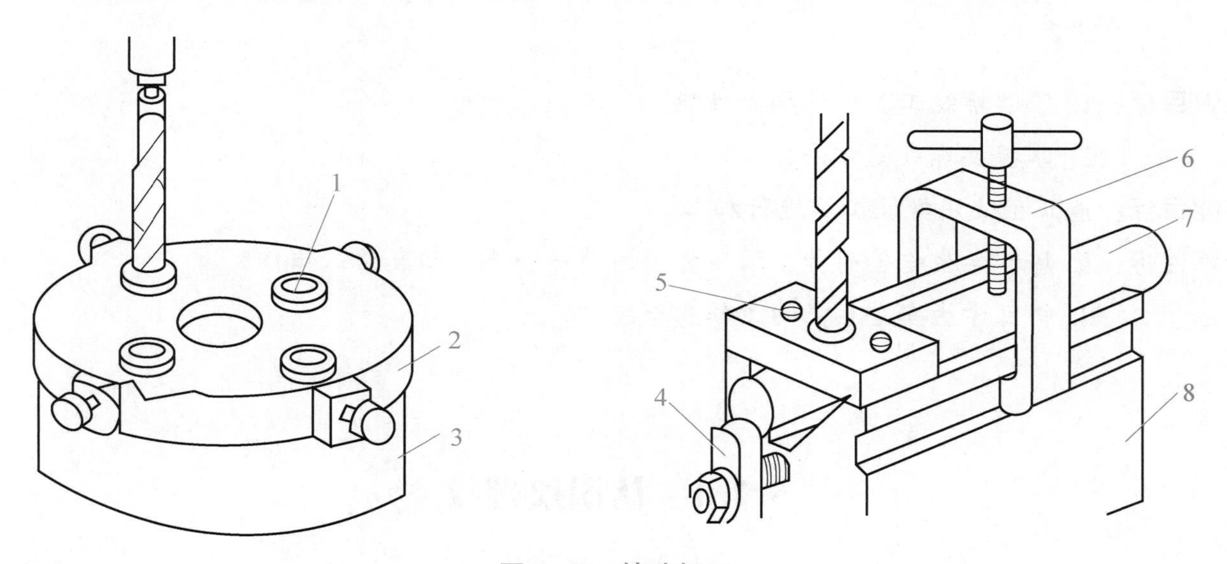

图 5-47　钻孔加工

1—钻套；2，5—钻模板；3，7—工件；4—挡块；6—弓形架；8—夹具体

2. 扩孔

利用扩孔钻头对已有孔径进行扩大的切削加工方法。常用工具有麻花钻和扩孔钻，扩孔钻如图 5-48 所示。

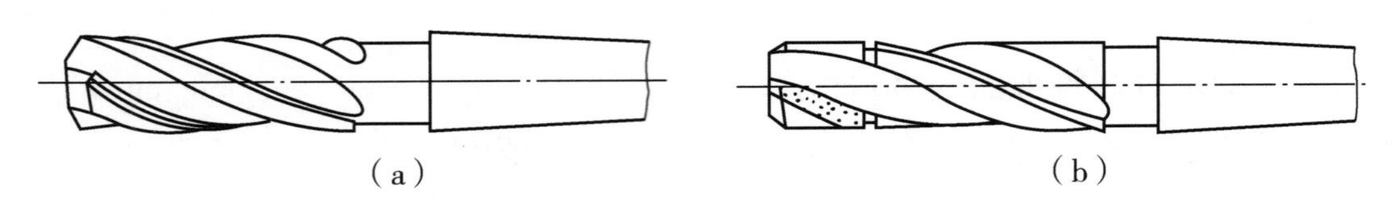
（a）　（b）

图5-48　扩孔钻
（a）高速钢扩孔钻；（b）硬质合金扩孔钻

3. 铰孔

利用铰刀（见图5-49）对已有孔的孔壁进行微量切削加工的方法。铰孔一般在孔径半精加工（扩孔或半精镗）后，用铰刀进行。按孔的精度要求不同，铰孔可由一次铰削完成，或分粗铰、精铰两次完成。

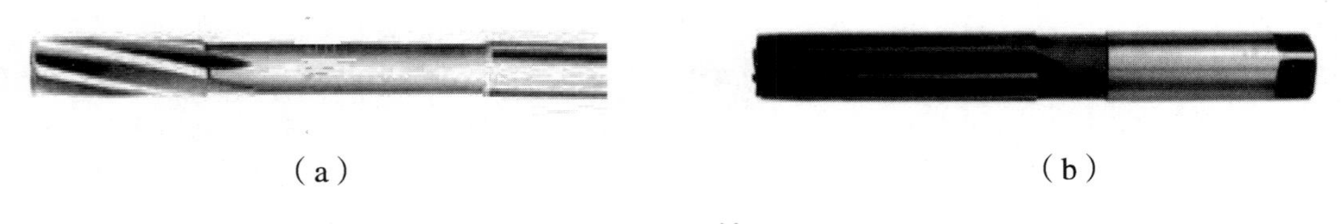
（a）　（b）

图5-49　铰刀
（a）手用铰刀；（b）机用铰刀

单元七　攻螺纹

知识目标： 1. 了解螺纹工具的结构和性能。
2. 掌握攻螺纹的方法。

技能目标： 能正确使用螺纹工具进行加工。

素养目标： 1. 培养学生吃苦耐劳、踏实肯干的精神和严谨细致的工作作风。
2. 树立学生安全生产的工作意识。

5.7.1　认识攻螺纹

螺纹被广泛应用于各种机械设备、仪器仪表中，是起连接、紧固、传动、调整作用的一种机构。

用丝锥在孔中切削加工内螺纹的方法称为攻螺纹。

一、攻螺纹工具

1. 丝锥

按使用方法不同，分为手用丝锥和机用丝锥两大类，如图 5-50 所示。

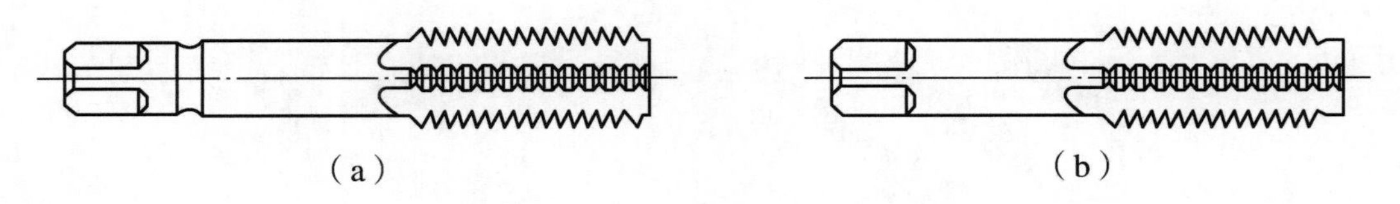

图 5-50　丝锥

（a）手用丝锥；（b）机用丝锥

（1）丝锥的构造

丝锥由工作部分和柄部组成。工作部分包括切削部分和校准部分，切削部分磨出锥角，校准部分具有完整的齿形，柄部有方榫，如图 5-51 所示。

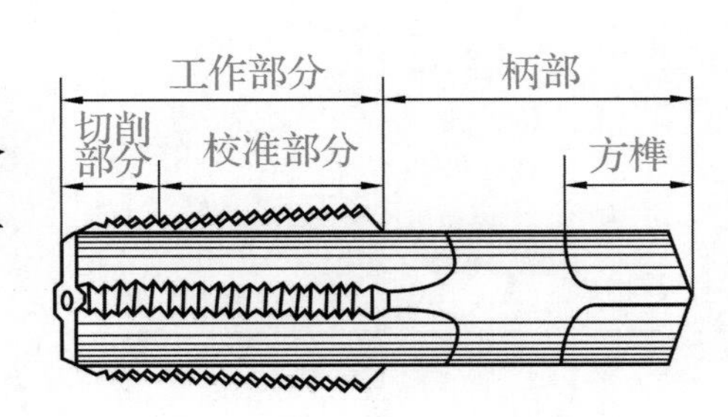

图 5-51　丝锥外形

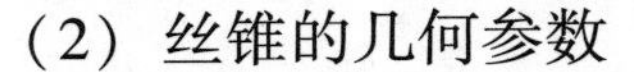

（2）丝锥的几何参数

①前角、后角：前角如表 5-3 所示。

表 5-3　丝锥前角

被加工材料	铸青铜	铸铁	硬钢	黄铜	中碳钢	低碳钢	不锈钢	铝合金
前角 γ	0°	5°	5°	10°	10°	15°	15°~20°	20°~30°

后角 α_0，一般用手用丝锥 $\alpha_0=6°\sim8°$，机用丝锥 $\alpha_0=10°\sim12°$，齿侧为零度。

②容屑槽：M8 以下的丝锥一般是三条容屑槽；M8~M12 的丝锥有三条的，也有四条的；M12 以上的丝锥一般是四条容屑槽。较大的手用和机用丝锥及管螺纹丝锥也有六条容屑槽的。如图 5-52 所示。

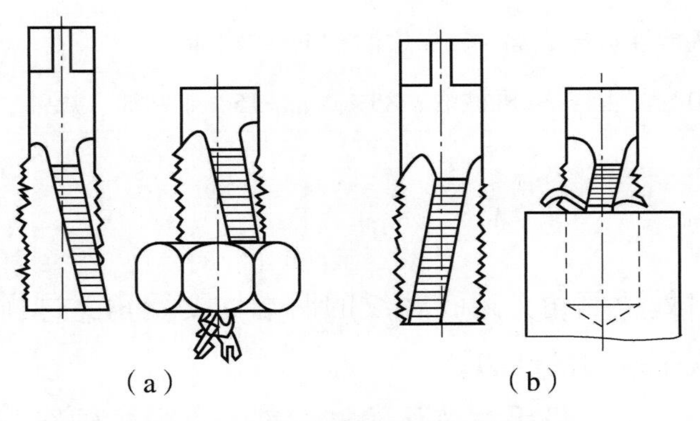

图 5-52　容屑槽的方向与排屑

（a）左旋；（b）右旋

2. 铰杠

铰杠是手工攻螺纹时用的一种辅助工具。铰杠分普通铰杠和丁字形铰杠两类，如图5-53所示。

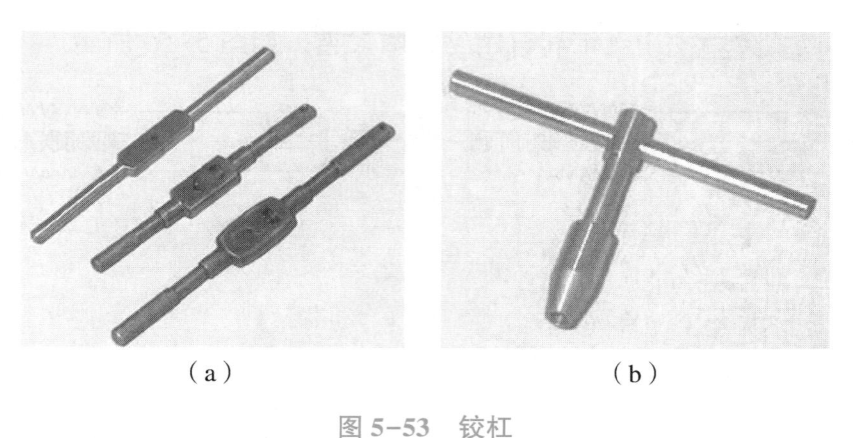
（a） （b）

图5-53 铰杠

（a）普通铰杠；（b）丁字形铰杠

5.7.2 攻螺纹方法

一、攻螺纹时切削液的选用

攻螺纹时合理选择适当品种的切削液，可以有效地提高螺纹精度，降低螺纹的表面粗糙度，具体选用如表5-4所示。

表5-4 攻螺纹时切削液的选用

零件材料	切削液
结构钢、合金钢	乳化液
铸铁	煤油、75%煤油+25%植物油
铜	机械油、硫化油、75%煤油+25%矿物油
铝	50%煤油+50%机械油、85%煤油+15%亚麻油、煤油、松节油

二、攻螺纹方法

①在螺纹底孔的孔口处要倒角，通孔螺纹的两端均要倒角，这样可以保证丝锥比较容易地切入，并防止孔口出现挤压出的凸边。

②起攻时应使用头锥。用一只手掌按住铰杠中部，沿丝锥轴线方向加压用力，另一只手配合做顺时针旋转；或两手握住铰杠两端均匀用力，并将丝锥顺时针旋进，如图5-54所示。一定要保证丝锥中心线与底孔中心线重合，不能歪斜。

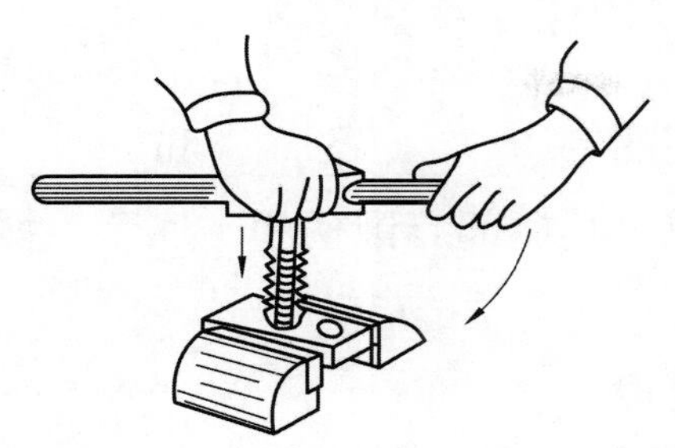
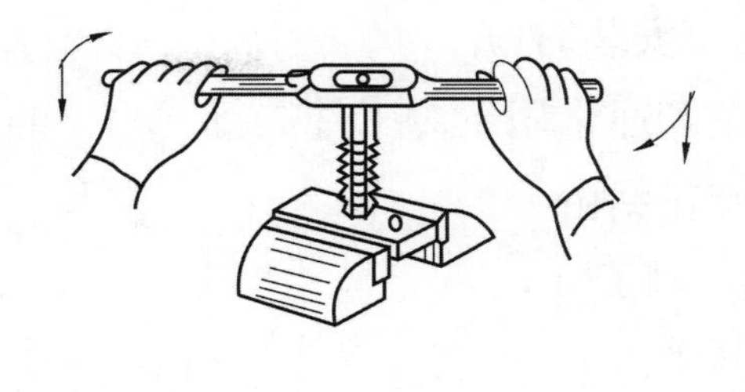

图 5-54　起攻方法

③当丝锥切削部分全部进入工件时，不要再施加压力，只需靠丝锥自然旋进切削。此时，两手要均匀用力，铰杠每转 1/2~1 圈，应倒转 1/4~1/2 圈断屑，如图 5-55 所示。

④攻螺纹时必须按头锥、二锥、三锥的顺序攻削，以减小切削负荷，防止丝锥折断，还需经常检查攻螺纹垂直度，如图 5-56 所示。

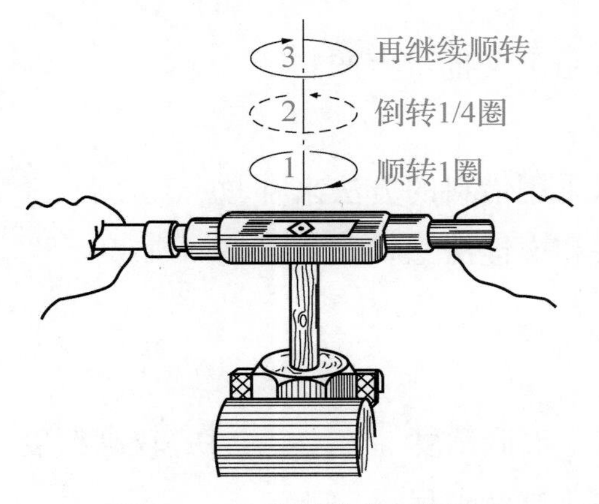

图 5-55　攻螺纹走刀顺序

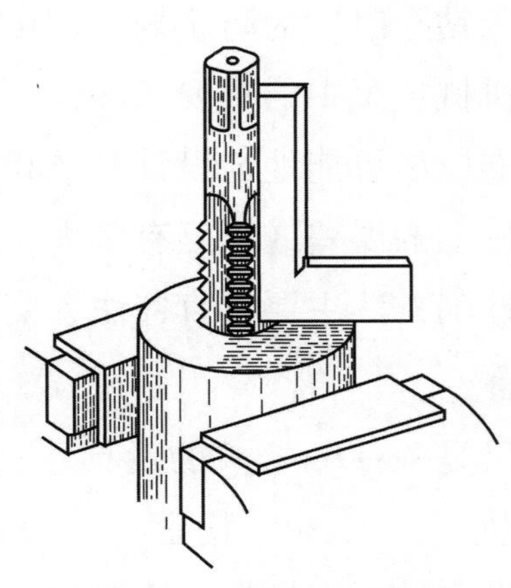

图 5-56　检查攻螺纹垂直度

⑤攻不通孔螺纹时，可在丝锥上做上深度标记，并经常退出丝锥，将孔内切屑清除，否则会因切屑堵塞而折断丝锥或攻不到规定深度。

单元习题检测

一、填空题

1. 钳工实训主要内容有：________、________、________、________和________。
2. 台虎钳装夹工件时，应将工件装夹在台虎钳________。
3. 划线是指在__________上，用划线工具划出__________的轮廓或作为基准的点、线。
4. 划线分________、________。划圆弧时应先________再用________划圆弧。
5. 手锯是由______和______构成，起锯方式有________、远起锯，一般常用________。
6. 锉削的尺寸精度可达______mm，表面粗糙度可达______μm。
7. 锉刀的种类有________、__________、____________。
8. 钳工常用的钻头有__________、__________、薄板钻三种。

9. 锯条安装时应________、________。

10. 钻床通常用于对工件进行______的加工，常用的有______、______和______等。

11. 麻花钻由______、______及______组成，其柄部有锥柄和______两种，一般用______制成。

12. 丝锥由________和______两部分组成。

二、判断题

1. 对不熟悉的设备和工具，一律不得擅自使用。（　　）
2. 钻孔时不需打样冲眼。（　　）
3. 锉削进铁屑粉末可用嘴吹。（　　）
4. 锉削时不准使用无柄锉刀，防止刺伤掌心。（　　）
5. 使用钻床钻孔时，为防止划伤，可以戴手套。（　　）
6. 划线是机械加工中的重要工序，可广泛地用于大批量生产。（　　）
7. 划线基准应尽可能地与设计基准相一致。（　　）
8. 无论工件上的误差或缺陷有多大，都可以采用借料的方法来补救。（　　）
9. 平面的锉削方法主要有直锉法、交叉锉法和推锉法三种。（　　）

三、选择题

1. 游标卡尺是一种(　　)的量具。

A. 中等精度　　B. 精密　　C. 较低精度　　D. 较高精度

2. 千分尺是一种万能量具，测量尺寸精度要比游标卡尺（　　）。

A. 低　　B. 一样　　C. 高

3. 锯弓有固定式和（　　）两种。

A. 可调节式　　B. 不可调节式　　C. 变化式

4. 钻孔时，起钻的压力一定要小，孔将钻穿时应（　　）。

A. 加大进给量　　B. 减小进给量　　C. 保持进给量

5. 攻螺纹时底孔直径应（　　）螺纹小径。

A. 稍大于　　B. 稍小于　　C. 等于

四、技能训练题

1. 正确识读下图所示量具表示的数值，并填在相应的横线上。

① 测量结果为：______

② 测量结果为：______

③ 测量结果为：______

2. 写出游标卡尺的测量读数。右图是左图的放大图（放大快对齐的那一部分）。

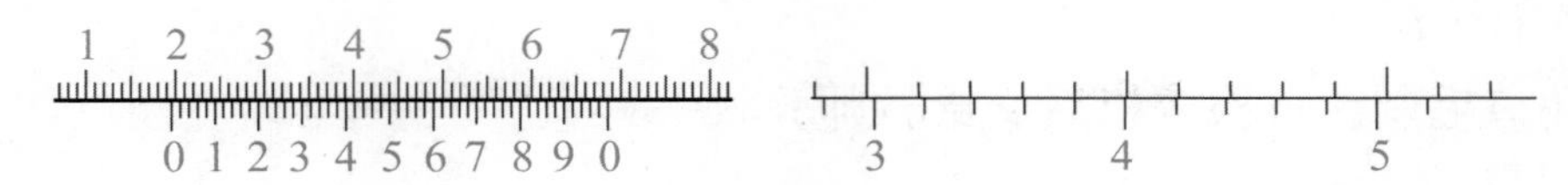

测量结果为：________________

3. 选择正确锯条安装图。

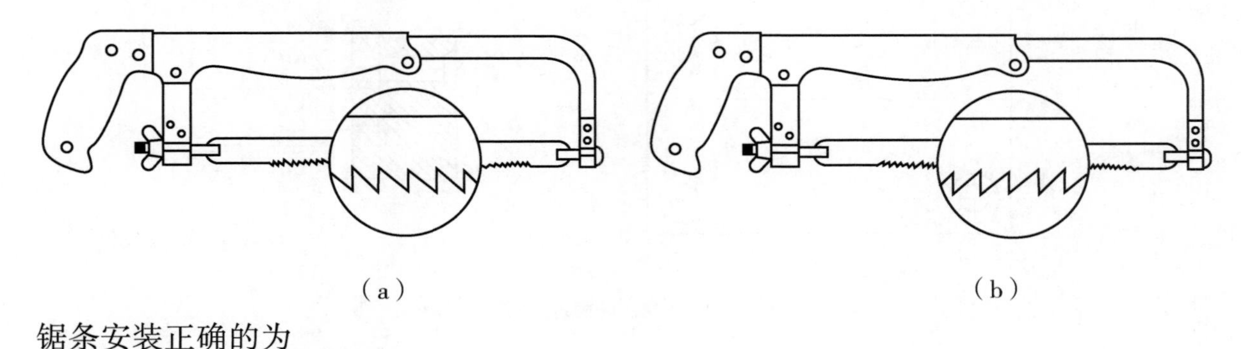

锯条安装正确的为__________

五、实训题

1. 锯削技能训练。

（1）按图 5-57 要求划出锯削加工线。

（2）用 V 形钳口（也可直接）将圆钢装夹在台虎钳上，使锯削线超出并靠近钳口，并保证锯削线所在的平面沿铅垂方向。

（3）选用粗齿锯条，并正确安装在锯弓上。

（4）用手锯沿锯削线连续锯到结束，保证尺寸为（20±1）mm，平面度误差不大于 0.8mm，用钢尺根据光隙判断或用塞尺配合进行检查，要求锯痕整齐。

（5）去毛刺，自检合格后交给教师验收。

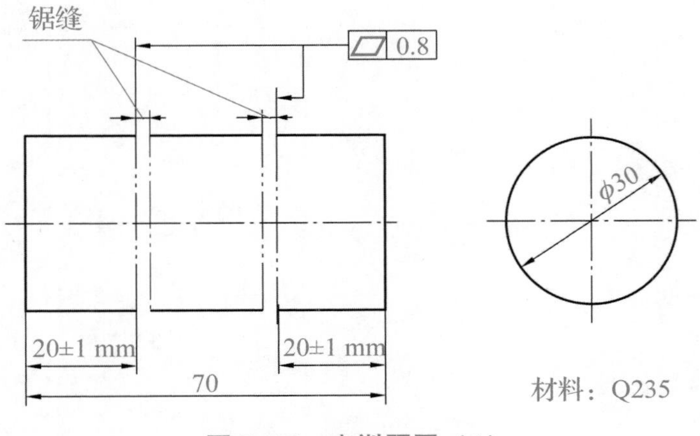

图 5-57　实训题图（1）

2. 钻孔、锪孔技能训练。

（1）按图 5-58 所示图样尺寸划线，并把中心样冲眼冲大些。

（2）钻 4-ϕ7 孔，然后锪 90°锥形沉孔，深度按图样要求，并用 M6 螺钉作试配检查。

（3）用专用柱形锪钻在工件的另一面锪出 4-ϕ11 柱形沉孔，深度按图样要求，并用 M6 内六角螺钉作试配检查。

（4）去除孔口毛刺，自检合格后交给教师验收。

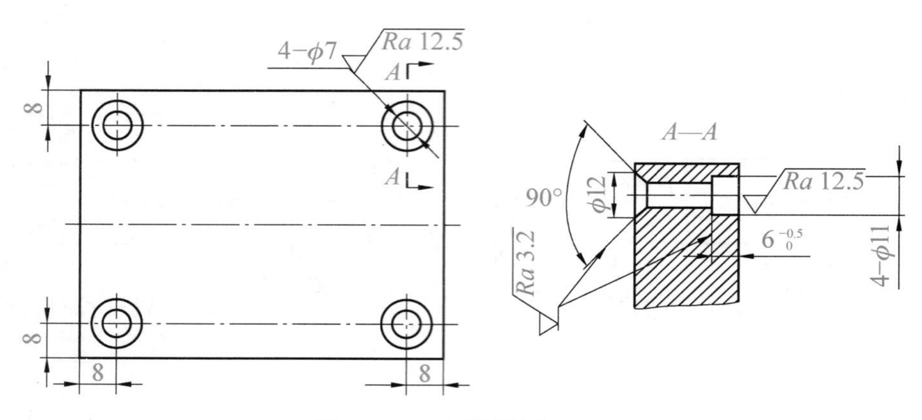

图 5-58 实训题图（2）

实 训 篇

项目一

钳工实训

项目导入

在现代制造业中，钳工作为传统而又必不可少的工种，依然发挥着重要作用。钳工的基本技能是制造与装配中不可或缺的一环，特别是在精密机械制造和设备维护领域，更是需要扎实的钳工基础。本项目通过制作四方体、制作手锤、锉配六角形体三个具体的实训任务，全面提升操作者的锉削、测量与装配技能。实训任务紧密联系生产，增强学生钳工操作能力，为将来在企业中的实际操作打下坚实的基础，提升其在零件加工、设备维护等方面的实际工作能力，满足现代工业对高素质技能人才的需求。钳工操作如图 6-1 所示。

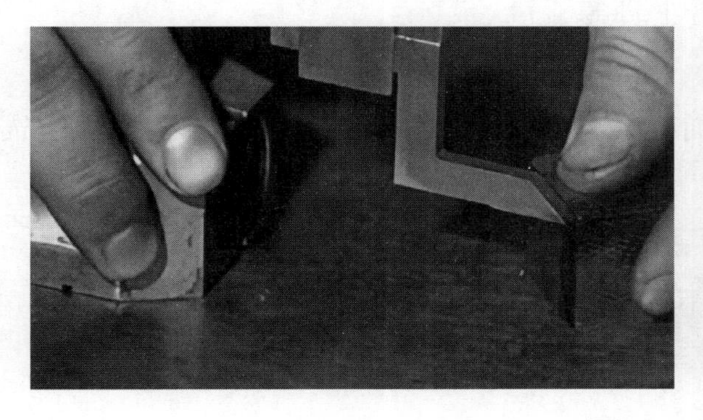

图 6-1　钳工操作

思维导图

- 钳工实训
  - 制作四方体
  - 制作手锤
  - 锉配六角形体

任务一 制作四方体

【任务描述】

在机械设备的装配与调试中，经常需要钳工对机械零件进行修整，以达到相应的精度的要求。今天，我们就利用钳加工技术，通过制作四方体，学习简单机械零件的加工工艺和运用锉削技能调整配合面精度的过程。

【任务目标】

知识目标：

1. 学会零件图纸识读与工艺路线分析。
2. 掌握四方体的锉削方法及注意事项。
3. 了解影响锉配精度的因素，并掌握锉配误差的检查和修正方法。
4. 进一步掌握平面锉削技能，了解内表面加工过程及形位精度在加工中的控制方法。

技能目标：

1. 掌握四方体的锉削方法，达到位置及尺寸正确。
2. 熟练掌握锉削技能，达到纹理齐整、表面光洁。
3. 正确使用工量具，如高度尺、划针、测量工具等。

素养目标：

1. 为学生塑造良好的工程环境，让学生明确机械零件生产的一般过程和加工过程中需要注意的问题。
2. 培养学生养成安全文明生产的习惯。
3. 培养学生团结协作、质量意识和精益求精的工匠精神。

【任务准备】

1. 材料、设施准备

使用材料：Q235 钢。

使用设备：划线平台。

使用的工量具：划针、划规、粗细锉刀、手锯、直角尺、钢皮尺、刀口尺、游标卡尺、划线高度尺等。

2. 图样、毛坯准备

①图纸及技术要求。

四方体零件图如图 6-2 所示，四方体备料明细如表 6-1 所示。

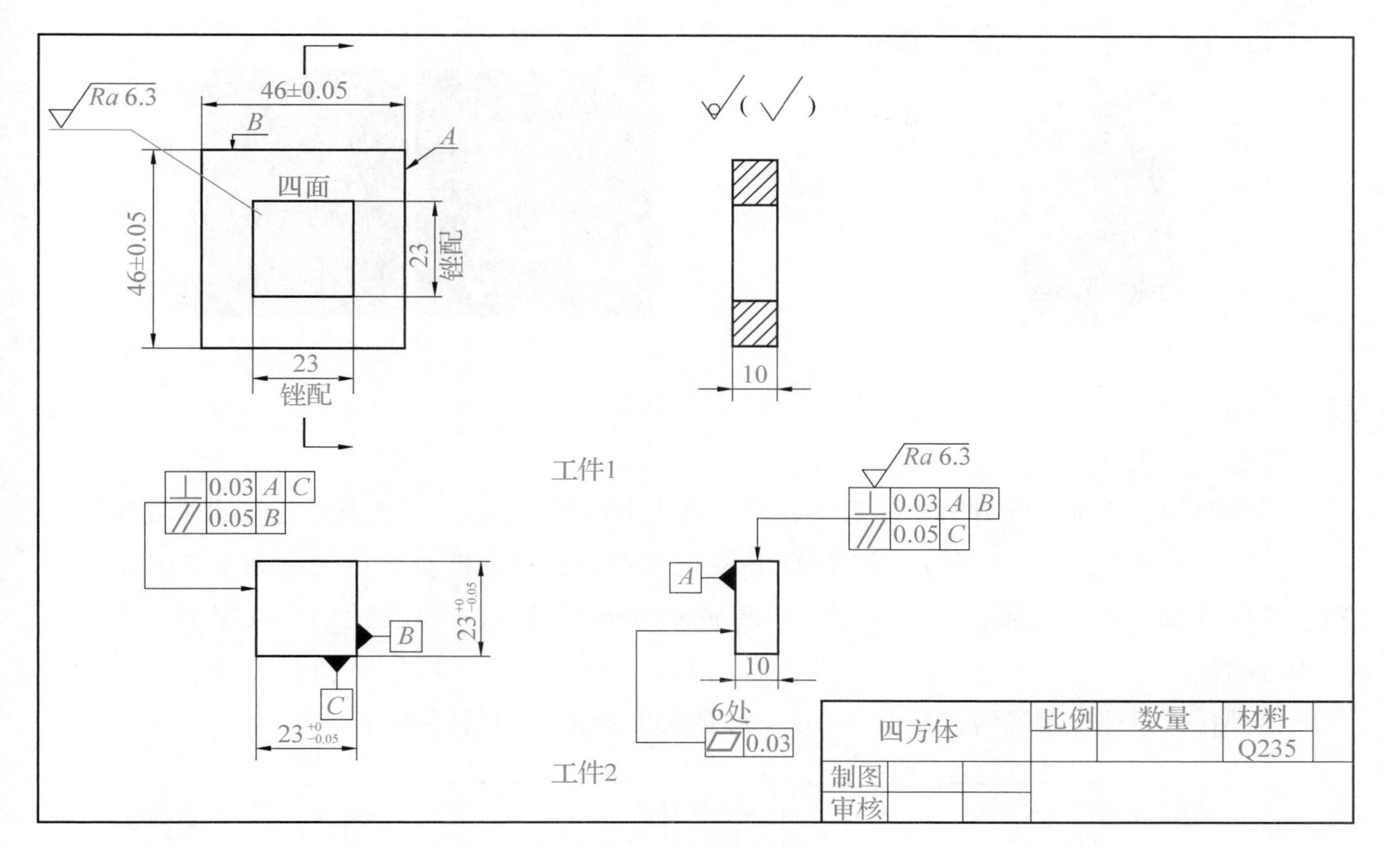

图 6-2　四方体零件图

②备料明细表。

表 6-1　四方体备料明细表

名称	材料	材料来源	工序/道	件数	工时/h
四方体	Q235	28×28×10 50×50×10	—	1	4

【任务实施】

1. 加工工件 2

①选择两邻面，作为划线基准，进行锉削加工，使其达到划线要求。然后进行划线，如图 6-3 所示。

②锯削多余材料，注意要保留相应的加工余量。

③粗锉、精锉两基准面 B 和 C，保证其垂直度小于 0. 03mm，并达到相应的表面粗糙度要求。

④以 B 面为基准，粗锉、精锉其对面相应的尺寸要求，保证与 B 面的平行度小于 0. 05mm。

⑤以 C 面为基准，粗锉、精锉其对面，使其达到相应的尺寸精度要求。

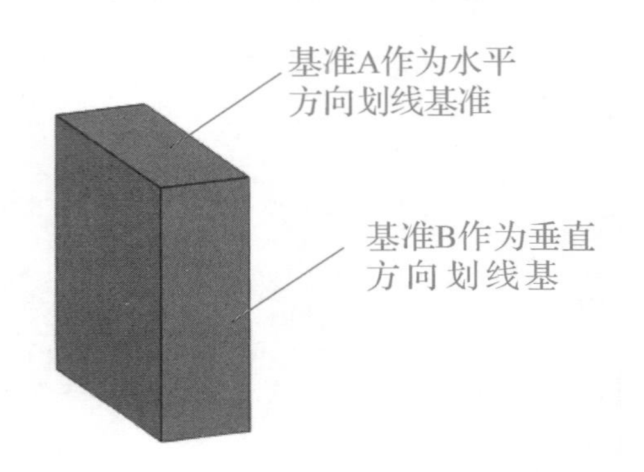

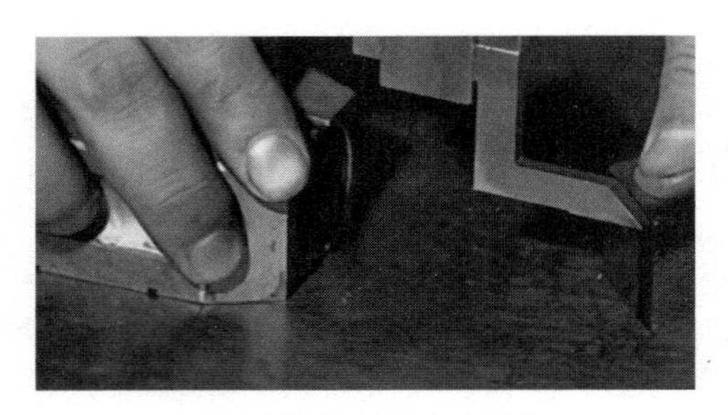

利用高度尺进行划线

图 6-3 划线

2. 加工工件 1

①参照加工工件 2 的方法，锉削外表面，使其达到划线要求，并根据图纸画出外轮廓线。

②加工工件 1，粗、细锉 A 面、B 面并使垂直度和大平面的垂直度控制在 0. 03mm 范围内，并以 A 面、B 面为基准，划内四方体 23mm×23mm 尺寸线，并用已加工四方体校核所划线条的正确性。

钻排孔，粗锉至接通线条留 0. 1~0. 2mm 的加工余量，如图 6-4 所示。

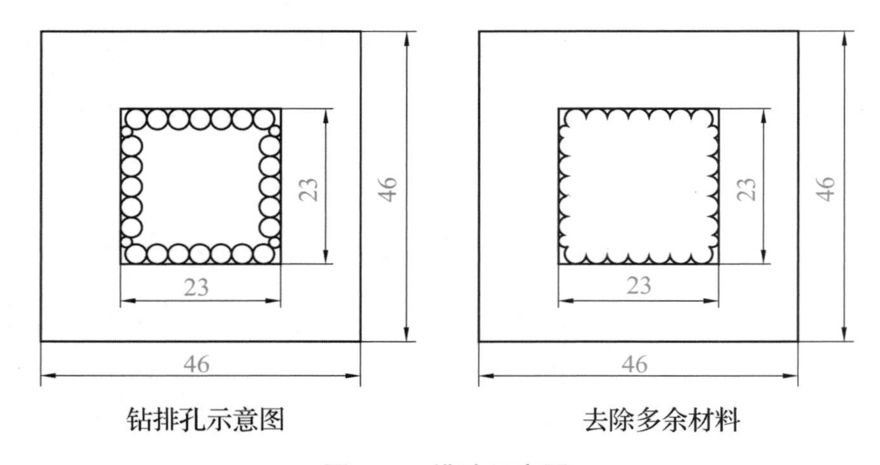

钻排孔示意图　　去除多余材料

图 6-4 排孔示意图

③细锉靠近 A 基准的一侧面，达到与 A 面平行，与大平面垂直。

④细锉第一面的对应面，达到与第一面平行。用工件 2 试配，使其较紧地塞入。

⑤细锉靠近 B 面的一侧面，达到与 B 面平行，与大平面及已加工的两侧面垂直。

⑥细锉第四面，使之达到与第三面平行，与两侧面及大平面垂直，达到工件 2 能较紧地塞入。

⑦用工件 2 进行转位修正，达到全部精度符合图样要求，最后达到工件 2 在内四方体内能自由地推进推出毫无阻碍。

⑧去毛刺，用塞尺检查配合精度，达到换位后最大间隙不得超过 0. 1mm，最大喇叭口不得超出 0. 05mm。

【任务评价】

任务名称：制作四方体			学习评价表		姓名： 学号：		
组号			作业时间：				
序号	任务内容及要求		配分	评分标准	自评	互评	师评
1	工作安全与作业准备	合理确定加工工艺	2	正确完成得分，否则不得分，违反安全规定此项不得分			
		正确选用工、量、辅具	2				
		进行操作前的安全检查	2				
		正确穿戴劳保用品	2				
		遵循钳工操作规范	2				
2	工件 2	$23^{+0}_{-0.05}$（2 处）	6	超差不得分			
		10	4	超差不得分			
		平面度 0.03（6 处）	5	超差不得分			
		垂直度 0.03	5	超差不得分			
		平行度 0.05	5	超差不得分			
		表面粗糙度 *Ra*6.3	6	超差不得分			
3	工件 1	（46±0.05）mm（2 处）	4	超差不得分			
		表面粗糙度 *Ra*6.3	4	超差不得分			
4	配合质量检查	配合间隙≤0.1（16 处）	16	超差不得分			
		喇叭口≤0.05（16 处）	16	超差不得分			
5	素质素养评价	操作规范	2	酌情赋分，但违反课堂纪律，不听从组长、教师安排，不得分			
		严谨细心	2				
		吃苦耐劳	2				
		团队协助	2				
		自我学习	2				
6	成长评价	职业素养成长	3	根据任务完成情况单独酌情赋分			
		知识学习成长	3				
		实践技能成长	3				
总分：							
学生：		组长：			教师：		

【注意事项】

①锉配件的划线必须准确，线条要细而清晰，两面要同时一次划线，以便加工时检查。

②正确选用小于90°的光边锉刀，防止锉成圆角或锉坏相邻面。

③注意安全操作。

任务二 制作手锤

【任务描述】

在企业生产中，经常会用到一些专用的辅助工具，来完成零件的加工或设备的装调，这些工具是根据生产现场的实际需求来设计的，而常用的工、量具可能不符合要求，有时需要用钳加工的方式来进行单独加工。今天，我们就利用学过的钳工技术，来制作手锤，以体验钳工在企业生产的重要性和灵活性。

【任务目标】

知识目标：

1. 学会零件图纸识读与工艺路线分析。
2. 掌握手锤的加工方法及注意事项。

技能目标：

1. 掌握长方体锉削方法和立体划线技术。
2. 掌握锉削腰形孔及连接内外圆弧面的方法，达到连接圆滑、位置及尺寸正确。
3. 熟练推锉技能，达到纹理齐整、表面光洁。
4. 正确使用刃磨工具，如划线、样冲、麻花钻等。

素养目标：

1. 为学生塑造良好的工程环境，让学生明确机械零件生产的一般过程和加工过程中需要注意的问题。
2. 培养学生养成安全文明生产的习惯。
3. 培养学生团结协作、质量意识和精益求精的工匠精神。

【任务准备】

1. 材料、设施准备

①使用材料：45钢，手锤划线样板。

②使用设备：划线平台、V形铁、台虎钳、台钻。

③使用的工量具：钳工锉、整形锉、游标高度尺、钢板尺、划针、钻头、丝锥、绞杠、锯弓、手用锯条、样冲、游标卡尺、直角尺、刀口尺等。

2. 图样、毛坯准备

①图纸及技术要求。

手锤零件图如图 6-5 所示，手锤明细表如表 6-2 所示。

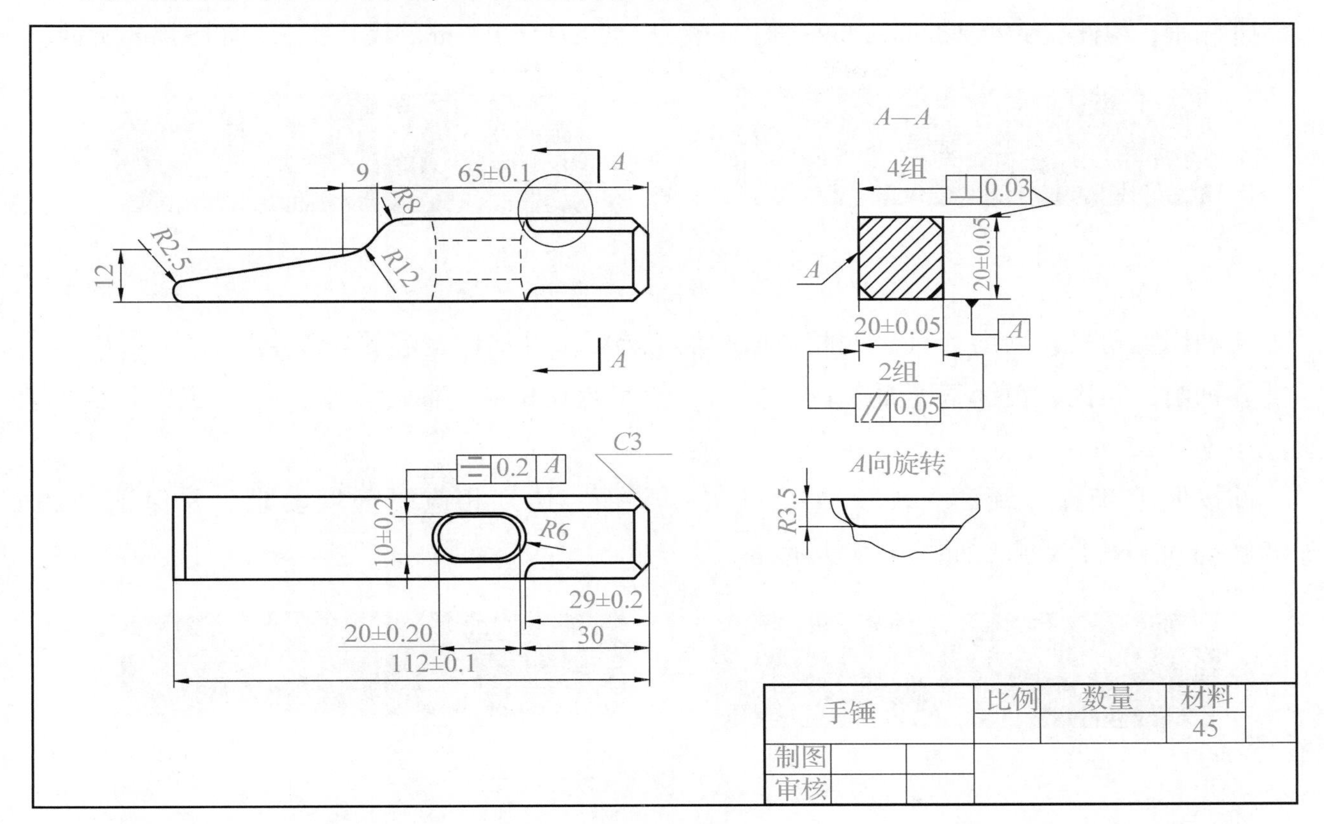

图 6-5　手锤零件图

②备料明细表。

表 6-2　四方体备料明细表

名称	材料	材料来源	工序/道	件数	工时/h
手锤	45 钢	ϕ30×115	—	1	16

【任务实施】

1. 加工长方体

①将 ϕ30×115 的毛坯装夹在台虎钳上，粗锉、精锉削其侧面，保证锉削面的平面度小于 0.05mm，测量锉削面到对面的尺寸为 25mm，并留有适当的加工余量，如图 6-6 和图 6-7 所示。

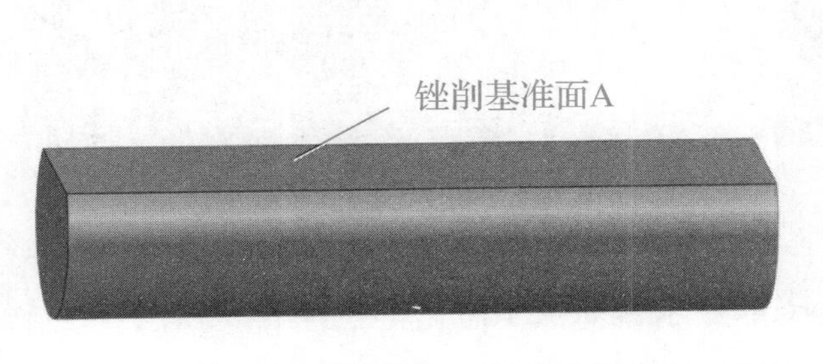

图 6-6　长方体加工锉削基准面

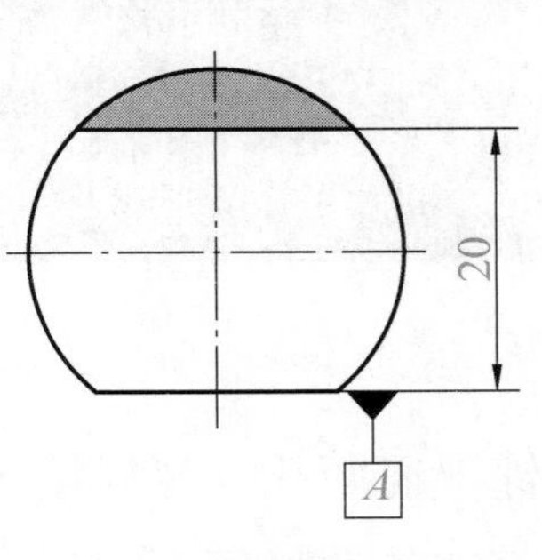

图 6-7　长方体划线

②以基准面 A 为划线基准，画出对应面的加工线。

③锯削、粗锉、精锉基准面 A 的对面，并保证（20±0.05）mm 的尺寸要求，如图 6-8 所示。

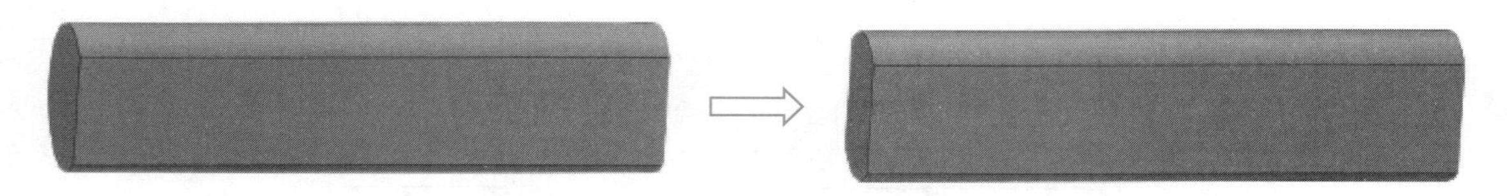

图 6-8 长方体加工示意图 1

④利用直角尺，划出 A 面，两相邻面的加工界限，并保留足够的加工余量。

⑤锯削、粗锉、精锉基准面 A 的一邻面，使其达到相应平面度要求，并保证与 A 面的垂直度小于 0.03mm。

⑥按照上步操作流程，加工 A 面的另一邻面，达到相应平面度要求，并保证（20±0.05）mm 的尺寸要求，如图 6-9 所示。

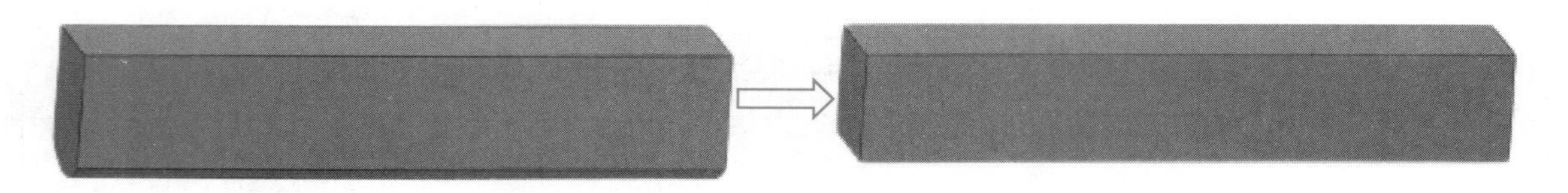

图 6-9 长方体加工示意图 2

2. 加工手锤

手锤加工流程示意图如图 6-10 所示。

①以长方体的 A 面为基准，锉 20mm×20mm 一端面，保证其平面度，并达到相应的垂直度要求。

②以刚加工的端面和 A 面为基准，用锤子样板画出形体加工线（两面同时进行），并按照图纸尺寸画出倒角加工线。

③按划线在半径为 12mm 处钻半径为 5mm 的孔，然后用锯子锯掉多余部分，留点余量。

④锉 4×C3mm 的倒角达到要求。首先，用圆锉锉出半径为 3mm 的圆弧，然后，用锉刀锉出倒角再用圆锉细加工半径为 3mm 的圆弧，最后，用推锉法修整，并用砂布抛光。

⑤按图纸画出腰孔加工线及钻孔检查线，并用对应钻头钻孔。

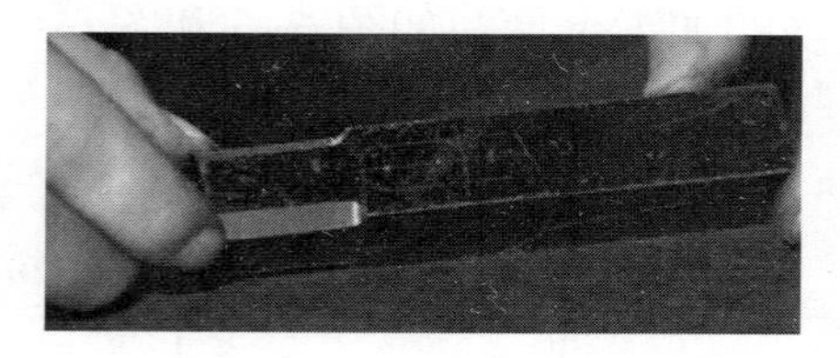

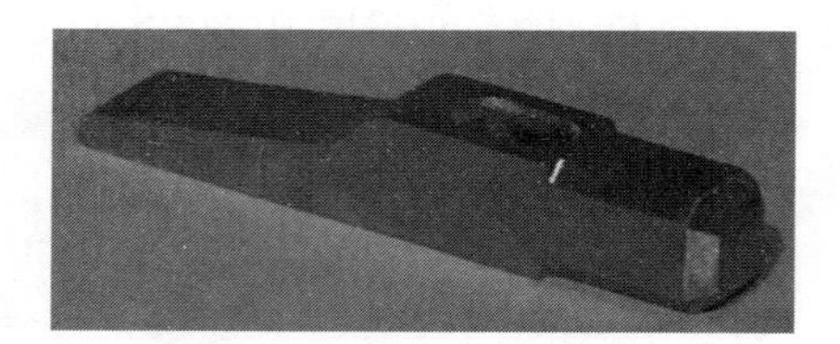

图 6-10 手锤加工流程示意图

⑥用圆锉锉通两孔，然后按照图纸技术要求锉好腰孔。

⑦用锉刀锉各圆弧面，并修整，达到各型面连接圆滑、光洁和纹理整齐。

【任务评价】

任务名称：制作手锤				学习评价表	姓名：		
					学号：		
组号			作业时间：				
序号	任务内容及要求		配分	评分标准	自评	互评	师评
1	工作安全与作业准备	课前，根据手锤图纸，自制划线样板	2	正确完成得分，否则不得分，违反安全规定此项不得分			
		合理确定加工工艺	2				
		正确选用工、量、辅具	2				
		进行操作前的安全检查	2				
		正确穿戴劳保用品	2				
		遵循钳工操作规范	2				
2	长方体	（112±0.1）mm	6	超差不得分			
		（20±0.05）mm（2处）	4	超差不得分			
3	手锤	（65±0.1）mm	4	超差不得分			
		（29±0.2）mm	2	超差不得分			
		斜面平面度0.1mm	8	每超差0.01，扣1分			
		四面平面度0.1mm	8	每超差0.01，扣1分			
		面间垂直度0.03mm	8	每超差0.01，扣1分			
		两面平行度0.05mm	8	每超差0.01，扣1分			
		锉纹整齐、一致	6	超差不得分			
		表面粗糙度 *Ra*6.3	5	超差不得分			
4	孔加工质量	（10±0.2）mm	5	超差不得分			
		（20±0.2）mm	5	超差不得分			
5	素质素养评价	操作规范	2	酌情赋分，但违反课堂纪律，不听从组长、教师安排，不得分			
		严谨细心	2				
		吃苦耐劳	2				
		团队协助	2				
		自我学习	2				
6	成长评价	职业素养成长	3	根据任务完成情况单独酌情赋分			
		知识学习成长	3				
		实践技能成长	3				

续表

总分：					
学生：		组长：		教师：	

【注意事项】

①加工长方体基准面A时，由于没有划出加工界限，所以加工过程中需要多次测量，一定要留出合适的加工余量。

②加工过程中，对于狭长的工件表面，可以采用推锉法进行锉削加工。

③遵守钻床操作规程，必要时在老师的指导下完成孔加工。

任务三 锉配六角形体

【任务描述】

六角形体的设计在日常生活中较为常见，比如，零件的组装会用到内六角螺丝，一些机械工具也会有内六角设计，例如钳工工具、电动工具等，这是因为六角形状可以提供较好的扭矩传递能力，使得紧固更加可靠，且外观美观整洁。所以，在实际应用中，六角体的设计和加工需要严格把控各个环节，以确保与其他部件的匹配性。今天，我们用钳加工的方法，来学习六角形体的加工工艺，体验六角形体的锉配流程。

【任务目标】

知识目标：

1. 学会零件图纸识读与工艺路线分析。
2. 掌握六角形体的锉配方法，达到配合精度要求。
3. 能自制和使用专用角度样板（120°内、外角度样板）对工件进行正确的测量。

技能目标：

1. 掌握内、外角度的加工方法，角度准确、位置及尺寸正确。
2. 熟练掌握推锉技能，达到纹理齐整，表面光洁。
3. 正确使用刃磨工具，如划线、样冲、麻花钻等。

素养目标：

1. 为学生塑造良好的工程环境，让学生明确机械零件生产的一般过程和加工过程中需要注意的问题。
2. 培养学生养成安全文明生产的习惯。

3. 培养学生团结协作、质量意识和精益求精的工匠精神。

【任务准备】

1. 材料、设施准备

①使用材料：32 钢，120°内、外角度样板。

②使用设备：划线平台、V 形铁、台虎钳、台钻。

③使用的工量具：钳工锉、整形锉、游标高度尺、钢板尺、划针、钻头、丝锥、绞杠、锯弓、手用锯条、样冲、游标卡尺、直角尺、刀口尺等。

2. 图样、毛坯准备

①图纸及技术要求。

六角形体零件图，如图 6-11 所示，六角形体明细如表 6-3 所示。

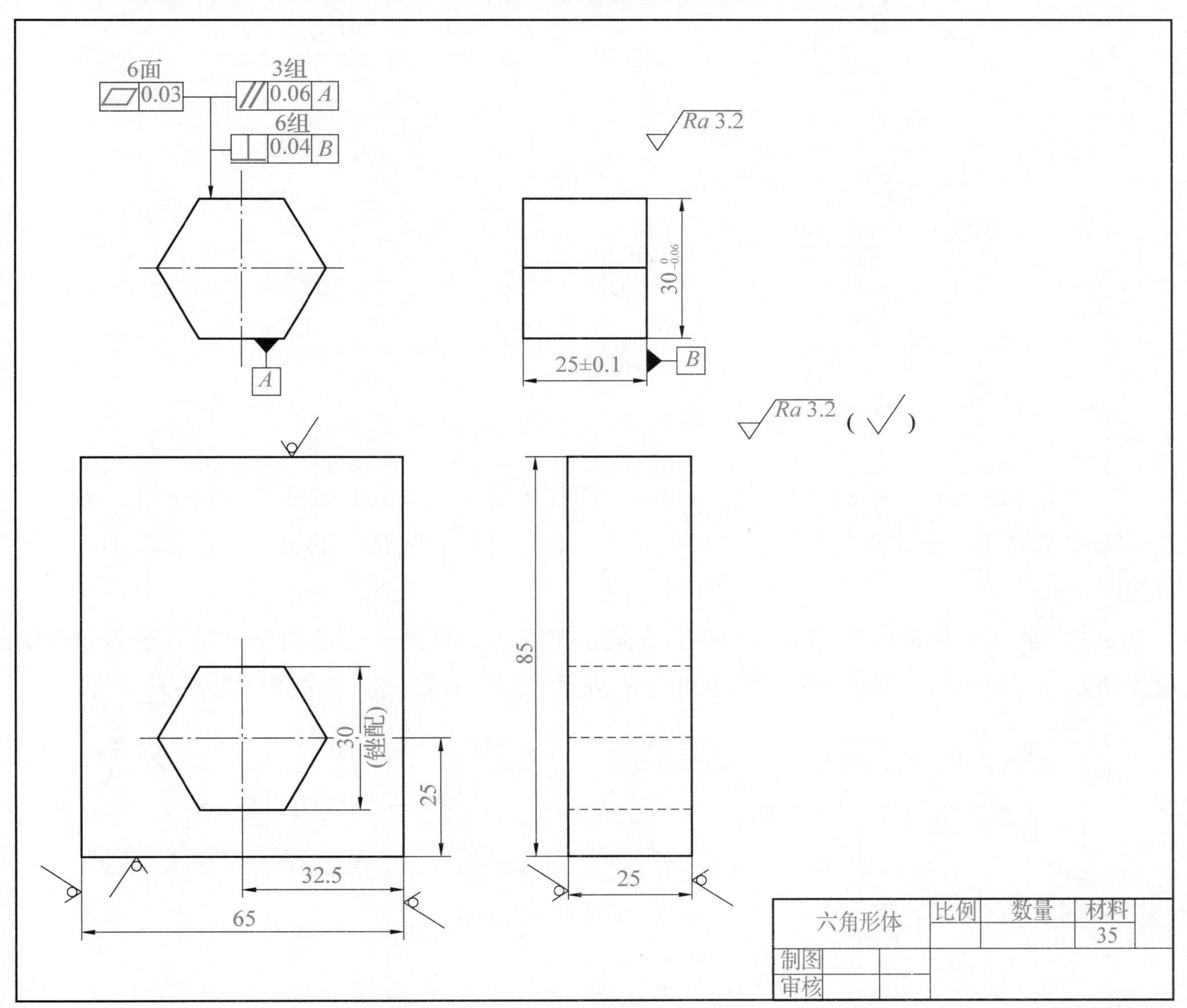

图 6-11　六角形体零件图

②备料明细表。

表 6-3　四方体备料明细表

名称	材料	材料来源	工序/道	件数	工时/h
六角形体	35 钢	$\phi36\times35$ 100×65×25（备料）	—	1	16

【任务实施】

1. 制定六角形体各表面的加工步骤

原则上也是先加工基准面，然后加工平行面，再依次加工角度面，但为了能同时保证其对边尺寸、120°内角及边长相等要求，各面的锉削步骤，一般可按图 6-12 所示顺序进行。

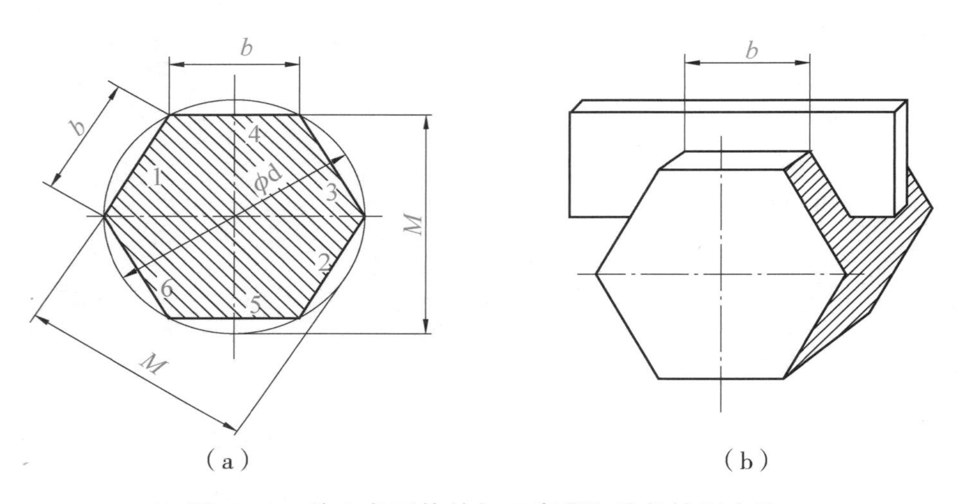

图 6-12　外六角形体的加工步骤和边长控制方法

对于第一面的加工位置，当毛坯件为一个圆柱体时，可以外圆母线为测量基准，通过测量计算尺寸 M 的大小来进行控制；当毛坯件为其他形体时，测量可通过六角形体的划线来进行控制。

为保证六角形体的内角和边长相等，在锉削第三、四面时，除了用角度量具进行角度测量控制外，还需采用边长卡板进行边长相等的测量控制。六侧面加工步骤如图 6-13 所示。

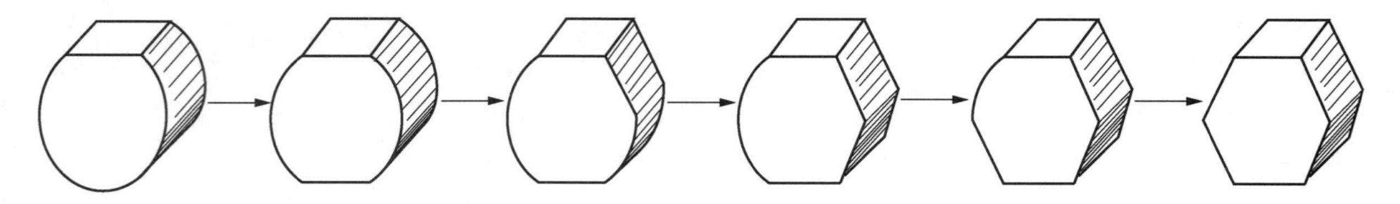

图 6-13　六侧面加工步骤

2. 学习六角形体锉配方法

①要使锉配的内、外六角形体能转位互换，达到配合精度，其关键在于外六角形体要加工得准确，不但边长相等（可用边长卡板检查），而且各个尺寸和角度的误差也应控制在最小范围内。

②锉配内、外六角形工件有两种加工顺序：一种按前面锉配四方体的方法，先锉配一组对面，然后依次将三组试配后，做整体修锉配入；另一种可以先配锉三个邻面，用 120°样板及用外六角体试配检查三面的 120°角与等边边长的准确性，并按划线线条锉至接触线条，然后再同时锉三个面的对应面，再做整体修锉配入。

③内六角棱线的直线度控制方法与四方体相同，必须用板锉按划线仔细锉直，使棱角线直而清晰。

④六角形工件在锉配过程中，某一面配合间隙增大时，对其间隙面的两个邻面可做适当修整，即可减小该面的间隙，采用这种方法要从整体来考虑其修整部分和余量，不可贸然动手。

3. 锉配件一：六角体锉削加工

①检查来料尺寸。

②锉削基准面 B，划尺寸 25mm 相对面的加工线，并锉削达到平面度、尺寸公差及表面粗糙度的要求。

③粗、精锉基准面 A，达到平面度及表面粗糙度的要求，且与 B 面垂直，如图 6－14 所示。

④以 A 面为基准，划 30mm 尺寸相对面的加工线（见图 6–15），并粗、精锉达到平面度、尺寸公差及表面粗糙度的要求。

图 6–14　锉削基准面 A

图 6–15　划 30mm 尺寸相对的面加工线

⑤划出六角形体的对称中心线和内切圆，并用 120°样板划出六角形体的加工线。

⑥粗、精锉第三、四面，达到 120°角、边长 b 相等及平面度和表面粗糙度的要求，如图 6–16 和图 6–17 所示。

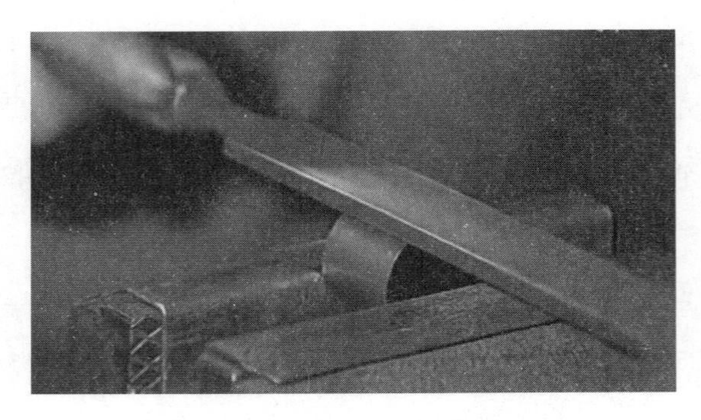

图 6-16 锉削第三、四面

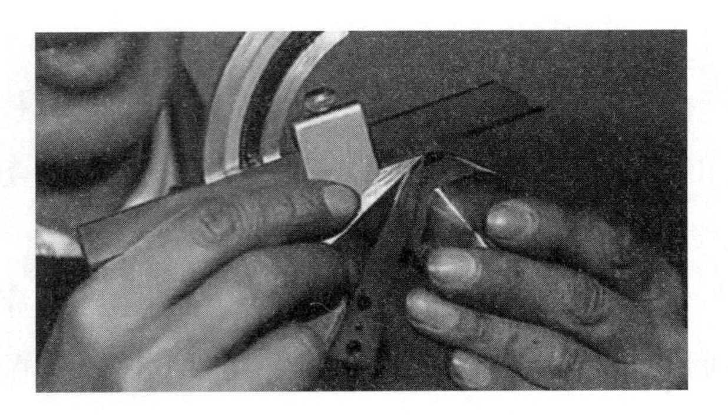

图 6-17 六角体 120°角度测量

⑦以第三、四面为基准，粗、精锉第五、六面，达到尺寸公差及平面度要求。

⑧按图样要求做全部精度复检，并做必要的修整锉削，最后将各锐边均匀倒钝，锐边倒钝和外六角形工件图如图 6-18 和图 6-19 所示。

图 6-18 锐边倒钝

图 6-19 外六角形工件图

4. 锉配件二：内六角锉削加工

①按外六角体的实际尺寸，在配锉件的正反两面划出内六角形加工线（见图 6-20），并用外六角体校核。

②）在内六角体中心扩钻或用排孔去除内六角体大部加工余料，如图 6-21 所示。

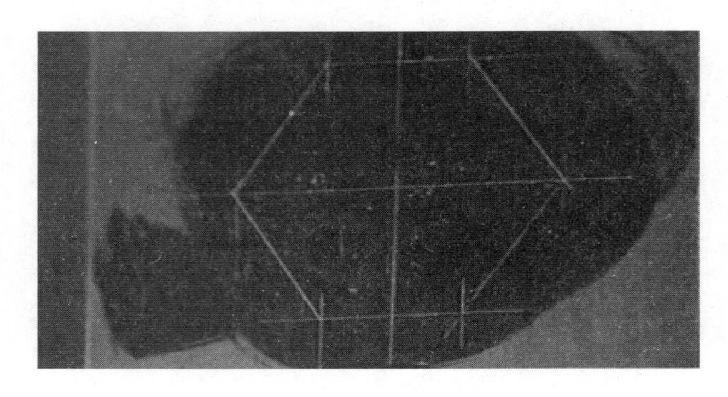

图 6-20 划出内六角体加工线

图 6-21 钻孔去除余料

③粗锉内六角各面至接近划线线条，使每边留有 0.1～0.2mm 作细锉用量，如图 6-22 所示。

④细锉内六角体相邻的三个面：先锉第一面，要求平直，并与基准大平面垂直；锉第二面达到与第一面相同要求，并用 120°样板检查清角与 120°角度；锉第三面也要达到上述相同要求。锉时除用 120°样板检查外，还要用外六角体做认面试配，检查三面的 120°和边长情况修锉到符合要求，三个邻面都应该控制接触正反两面的划线线条，如图 6-23 所示。

图 6-22　粗锉内六角形

图 6-23　精锉内 120°角

⑤细锉三个邻面的各自对面，用同样方法检查三面，并认面将外六角体的三组面用内六角的正反两面试配，达到均能较紧地塞入。

⑥用外六角体做认面整体试配，利用透光和涂色法来检查和精修各面，使外六角体配入后达到透光均匀，推进推出滑动自如，最后做转位试配，用涂色法修整，达到互换配合要求，如图 6-24 所示。

⑦各棱边均匀倒钝，全部复查，最终配合图如图 6-25 所示。

图 6-24　试配内外六角体

图 6-25　内外六角体配合图

【任务评价】

<table>
<tr><td colspan="3" rowspan="2">任务名称：锉配六角形体</td><td colspan="2" rowspan="2">学习评价表</td><td colspan="3">姓名：</td></tr>
<tr><td colspan="3">学号：</td></tr>
<tr><td>组号</td><td colspan="2"></td><td colspan="2">作业时间：</td><td colspan="3"></td></tr>
<tr><td>序号</td><td colspan="2">任务内容及要求</td><td>配分</td><td>评分标准</td><td>自评</td><td>互评</td><td>师评</td></tr>
<tr><td rowspan="6">1</td><td rowspan="6">工作安全与作业准备</td><td>课前，自制内、外120°角度样板</td><td>5</td><td rowspan="6">正确完成得分，否则不得分，违反安全规定此项不得分</td><td></td><td></td><td></td></tr>
<tr><td>合理确定加工工艺</td><td>2</td><td></td><td></td><td></td></tr>
<tr><td>正确选用工、量、辅具</td><td>2</td><td></td><td></td><td></td></tr>
<tr><td>进行操作前的安全检查</td><td>2</td><td></td><td></td><td></td></tr>
<tr><td>正确穿戴劳保用品</td><td>2</td><td></td><td></td><td></td></tr>
<tr><td>遵循钳工操作规范</td><td>2</td><td></td><td></td><td></td></tr>
<tr><td rowspan="6">2</td><td rowspan="6">外六角体加工</td><td>（25±0.1）mm</td><td>3</td><td>超差不得分</td><td></td><td></td><td></td></tr>
<tr><td>（3处）</td><td>6</td><td>超差不得分</td><td></td><td></td><td></td></tr>
<tr><td>平面度0.03mm（6处）</td><td>6</td><td>每超差0.01，扣1分</td><td></td><td></td><td></td></tr>
<tr><td>平行度0.04mm（3处）</td><td>3</td><td>每超差0.01，扣1分</td><td></td><td></td><td></td></tr>
<tr><td>垂直度0.04mm（6处）</td><td>6</td><td>每超差0.01，扣1分</td><td></td><td></td><td></td></tr>
<tr><td>表面粗糙度 $Ra3.2\mu m$（6处）</td><td>6</td><td>超差不得分</td><td></td><td></td><td></td></tr>
<tr><td rowspan="5">3</td><td rowspan="5">内六角体锉配</td><td>配合间隙0.08mm（6面）</td><td>6</td><td>超差不得分</td><td></td><td></td><td></td></tr>
<tr><td>喇叭口0.14mm（6面）</td><td>6</td><td>超差不得分</td><td></td><td></td><td></td></tr>
<tr><td>角清晰（六角）</td><td>6</td><td>每超差0.01，扣1分</td><td></td><td></td><td></td></tr>
<tr><td>表面粗糙度 $Ra3.2\mu m$（6面）</td><td>6</td><td>每超差0.01，扣1分</td><td></td><td></td><td></td></tr>
<tr><td>转位换精度</td><td>12</td><td>每超差0.01，扣1分</td><td></td><td></td><td></td></tr>
<tr><td rowspan="5">4</td><td rowspan="5">素质素养评价</td><td>操作规范</td><td>2</td><td rowspan="5">酌情赋分，但违反课堂纪律，不听从组长、教师安排，不得分</td><td></td><td></td><td></td></tr>
<tr><td>严谨细心</td><td>2</td><td></td><td></td><td></td></tr>
<tr><td>吃苦耐劳</td><td>2</td><td></td><td></td><td></td></tr>
<tr><td>团队协助</td><td>2</td><td></td><td></td><td></td></tr>
<tr><td>自我学习</td><td>2</td><td></td><td></td><td></td></tr>
</table>

续表

5	成长评价	职业素养成长	3	根据任务完成情况单独酌情赋分			
		知识学习成长	3				
		实践技能成长	3				
总分：							
学生：		组长：			教师：		

【注意事项】

①六角体是标准件，各项误差应控制在最小的范围内，否则直接影响到配合质量。

②为使配合体推进推出滑动自如，必须做到六角形体六面与端面垂直度在允许范围内。

③为达到转位互换配合精度，外六角体各项目的加工误差，要尽量控制在最小允许范围内。

④在内六角清角时，锉刀推出要慢而稳，紧靠邻边直锉，以防锉坏邻面或锉成角。

⑤锉配时应认面定向进行，故必须做好标记。为取得转位互换配合精度，不能按配合情况修整外六角体。当外六角体必须修整时，应进行单件准确测量，找出误差后，加以适当修整。

项目二

机械拆装技术

项目导入

全国职业院校技能大赛已经将机械拆装作为装备制造类竞赛项目的必备技能，很多竞赛项目都会涉及机械设备的装配与调试，其中最典型的还是如图 7-1 所示 THMDZT-1 型机械装调技术综合实训装置。在近几年的全国、省、市级职业院校技能大赛中，通过本竞赛平台，为国家培养了大批的高精尖的技术技能型人才。THMDZT-1 型机械装调技术综合实训装置主要包括：变速箱、齿轮减速器、二维工作台、间歇回转工作台、自动冲床机构等典型零部件。今天让我们跟随大国工匠的脚步，利用本平台，一起来学习典型机械设备的拆装。

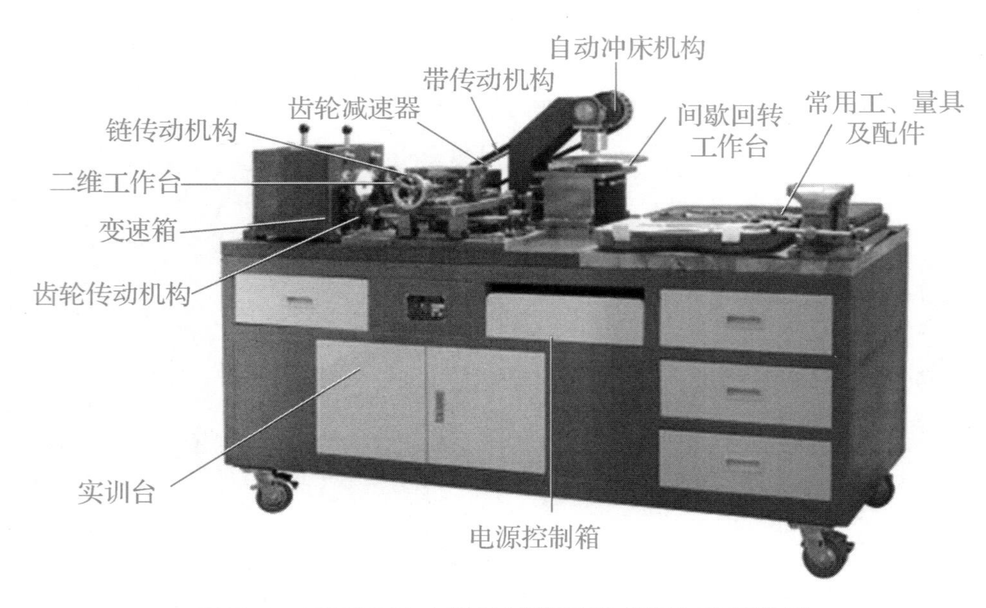

图 7-1　THMDZT-1 型机械装调技术综合实训装置

思维导图

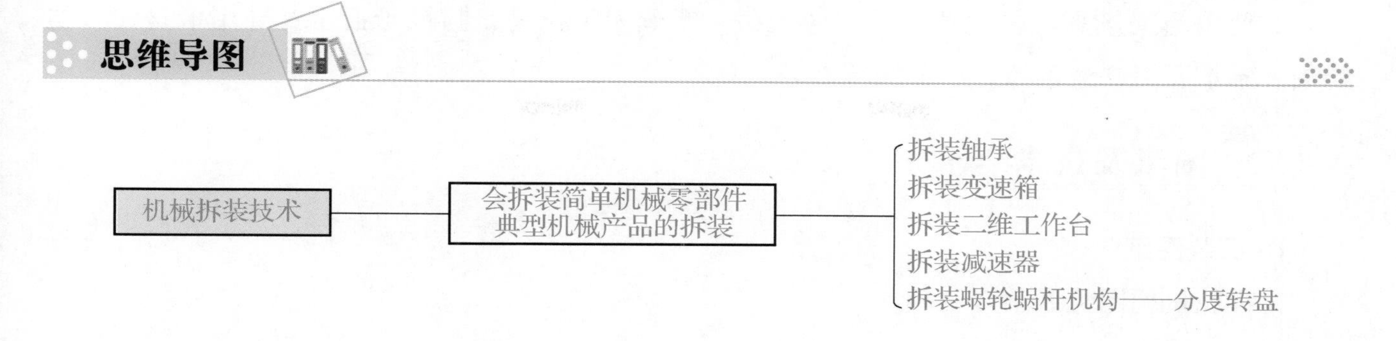

任务一　拆装轴承

【任务描述】

轴承是当代机械设备中一种重要零部件，它的主要功能是支撑机械旋转体，降低其运动过程中的摩擦系数，并保证其回转精度，它在机械设备装调中起着关键作用。因此，对于轴承安装与调试，我们必修遵守相应的工艺规范，今天我们来学习如何对轴承进行安装、润滑和调整，达到相应的装配精度，确保设备正常运转。

【任务目标】

知识目标：

1. 了解设备拆卸的顺序及注意事项。
2. 学会轴承的拆卸和装配的工艺要点。
3. 掌握轴承的游隙调整的基本方法。

技能目标：

1. 熟练使用拆卸工具，如活扳手、内六角扳手、拉拔器、螺丝刀、手锤等。
2. 正确使用工量具，如拆卸套筒、塞尺等。

素养目标：

1. 培养学生严谨、细致的工作态度，掌握科学有效的工作方法。
2. 培养学生养成安全文明生产的习惯。
3. 培养学生团结协作、质量意识和精益求精的工匠精神。

【任务准备】

一、设备、工具准备

①使用设备：THMDZT-1 型机械装调技术综合实训装置。

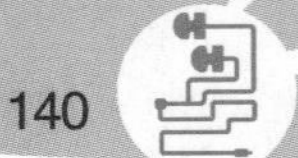

②使用的工量具：内六角扳手、橡胶锤、螺丝刀、拉马、圆螺母扳手、外用卡簧钳、防锈油、轴承套筒、紫铜棒、一字螺丝刀等。

二、图纸及技术要求

1. 拆装图纸

锥齿轮机构图纸如图 7-2 所示。

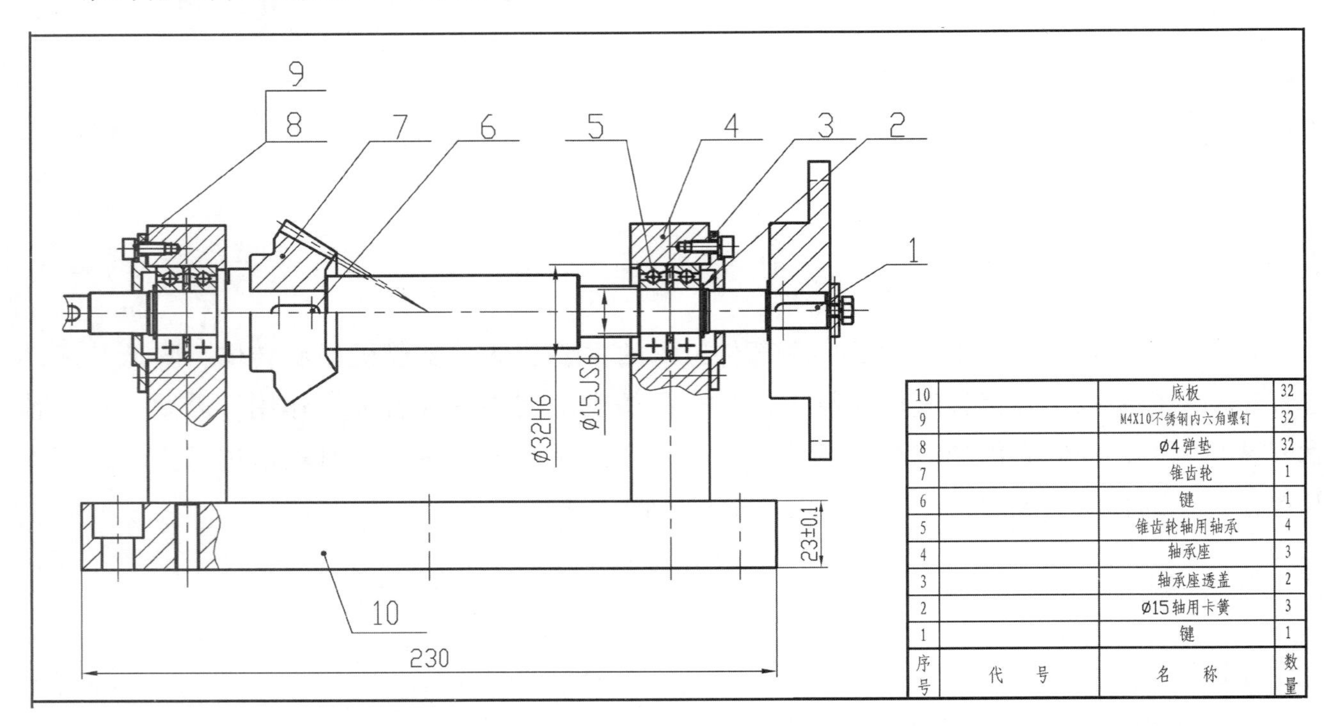

序号	代号	名称	数量
10		底板	32
9		M4X10不锈钢内六角螺钉	32
8		Ø4弹垫	32
7		锥齿轮	1
6		键	1
5		锥齿轮轴用轴承	4
4		轴承座	3
3		轴承座透盖	2
2		Ø15轴用卡簧	3
1		键	1

图 7-2　锥齿轮机构图纸

2. 技术要求

①装配前，全部零件用煤油或柴油清洗；

②锥齿轮装配后应转动灵活，不允许有卡阻、爬行现象；

③拆装过程不要划伤工件表面，传动部位有进行润滑。

【任务实施】

一、设备拆卸基本知识

拆卸前必须做好准备工作。首先，仔细研究待修设备的技术资料，认真分析设备的结构特点、传动系统、零部件的结构特点、配合性质和相互位置关系。其次，明确它们的用途，在熟悉以上各项内容的基础上，确定拆卸方法，选用合理的工具。最后，才可以开始拆卸工作。

1. 设备拆卸的顺序及注意事项

在拆卸设备时，应按照与装配相反的顺序进行，一般是从外到内、从上到下，先拆成部件或组件，再拆成零件的顺序进行。在拆卸过程中应该注意以下事项：

①对不易拆卸或拆卸后会降低连接质量和损坏的连接件，应尽量不拆卸。

②拆卸时用力应适当，特别要注意对主要部件的拆卸，不能使其发生任何程度的损坏。

③用锤击法锤击零件时，必须加衬垫，或用较软材料的锤子或冲棒，防止损坏零件表面。

④对于长度和直径比较大的零件，拆下后应竖直悬挂。对于大、重型零件，需用多个支承点支承后卧放，以防变形。

⑤拆卸下的零件应尽快清洗和检查。对于不需更换的零件要涂上防锈油。

⑥对于那些较小或容易丢失的零件，清洗后能装上的尽量装上，防止丢失。

2. 拆卸锥齿轮机构

请利用内六角扳手、橡胶锤、螺丝刀、拉马、圆螺母扳手、外用卡簧钳等工具，按表 7-1 将锥齿轮机构拆卸成散件。

表 7-1　拆卸锥齿轮机构

序号	内容	技术要求	使用工具	备注
1	拆卸链轮	工艺规范，禁止暴力拆卸	内六角扳手、拉马	—
2	拆卸轴承座透盖	注意保护轴承	内六角扳手	—
3	拆卸轴承座	将轴承座从底板拆下	内六角扳手	—
4	零件清洗	重点清洗配合面	柴油、毛刷、棉布	—

二、轴承拆卸基本知识

若轴承拆下后还将再次使用，则绝不允许通过滚动体传递拆卸力，否则滚动体和滚道都会被压伤。

1. 内圈过盈配合的轴承拆卸

对非分离型轴承，首先从较松配合面将轴承拆出，然后使用压力机将轴承从配合表面压出，如图 7-3 所示。还可以使用专门的拆卸器拆卸轴承。图 7-4 所示是一种简单的双拉杆拆卸器，图 7-5 所示是一种三拉杆拆卸器。

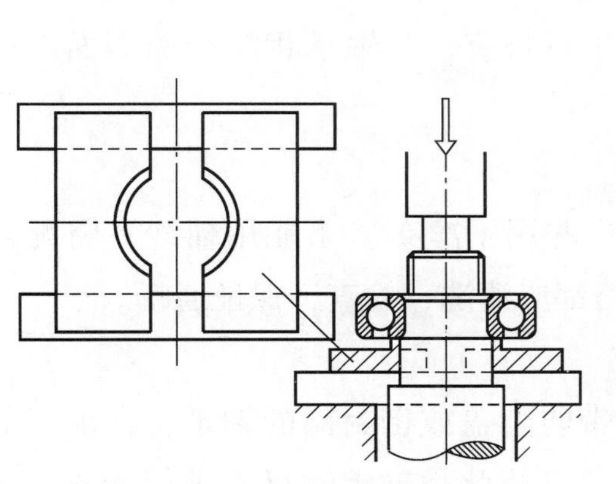
图 7-3　压力机压出拆卸法

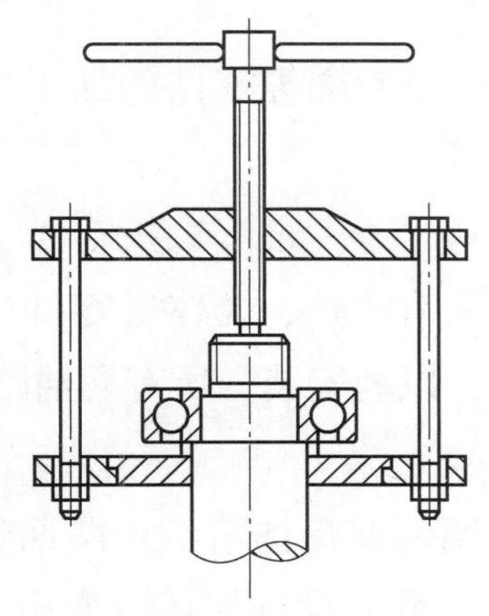
图 7-4　双拉杆拆卸器

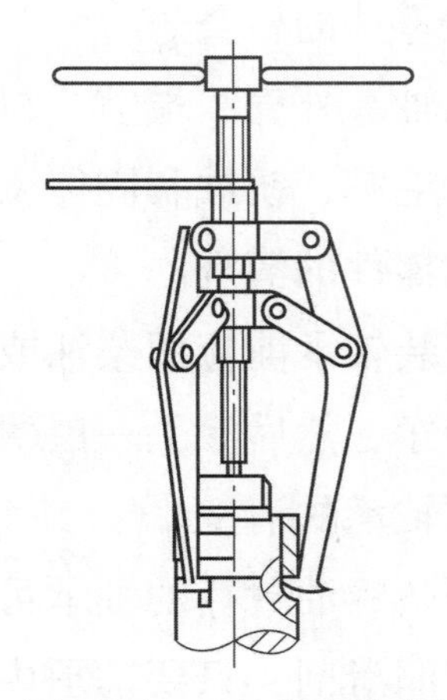
图 7-5　三拉杆拆卸器

2. 外圈过盈配合的轴承拆卸

拆卸过盈配合的外圈，用锤击法拆卸（见图 7-6），或设置安装顶出螺钉的螺纹孔，如图 7-7 所示，则拆卸时更为方便。

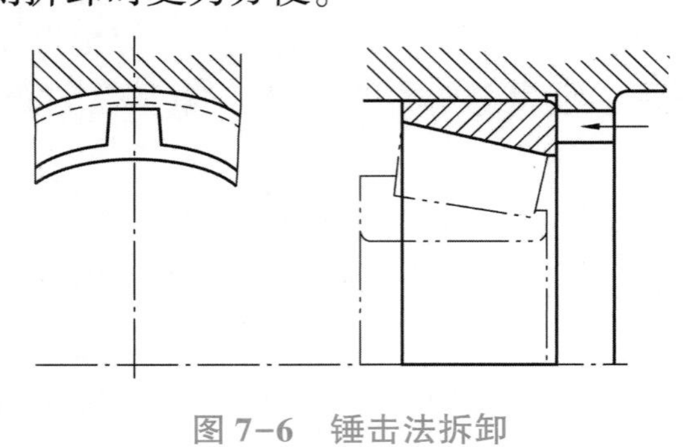

图 7-6　锤击法拆卸　　　图 7-7　螺钉顶出拆卸法

3. 拆卸轴承座

请利用铜棒、手锤等工具，分析轴承内圈与轴、轴承外圈与轴承座的配合盈隙，并按表 7-2 将轴承从轴承座和轴中拆除。

表 7-2　拆卸轴承座

序号	内容	技术要求	使用工具	备注
1	拆除轴承座	锤击法拆卸，禁止暴力操作	铜棒、手锤	—
2	拆除锥齿轮轴	锤击法拆卸，注意保护轴承	铜棒、手锤	—
3	分离轴承内外隔圈	将轴承内外隔圈取出	—	—
4	零件清洗	重点清洗配合面	柴油、毛刷、棉布	—

三、轴承装配基础知识

1. 装配前的准备工作

①量具和工具的准备。

②零件的检查。

如轴、外壳、端盖、衬套、密封圈等零件的加工质量检查。与轴承相配合的表面不应有凹陷、毛刺、锈蚀和固体微粒等。

③零件的清洗。

安装轴承前应用柴油或煤油清洗轴、壳体等零件，并用干净布（不能用棉纱）将配合表面擦干净，然后涂上一层薄油，以利安装。所有润油路都应清洗、检查，保证通畅。

④轴承的清洗。

用防锈油封存的轴承可用柴油或煤油清洗：两面带防尘盖或密封圈的轴承，在出厂前已加入了润滑剂，只要轴承内的润滑剂没有损坏或变质，安装此类轴承时可不进行清洗；涂有带防锈润滑两用脂的轴承，在安装时也可不清洗。

轴承清洗后应立即填加润滑剂，涂油时应使轴承缓慢转动，使油脂进入滚动体和滚道之间。轴承用润滑油（脂）必须清洁，不得混有污物。

2. 轴承座装配

请利用铜棒、手锤等工具，分析轴承内圈与轴、轴承外圈与轴承座的配合盈隙，按表 7-3 将轴承装入轴、轴承座内。

表 7-3　轴承座装配

序号	内容	技术要求	使用工具	备注
1	轴承与轴装配	①将轴承内圈装入轴中； ②放入轴承内外隔圈； ③将另一个轴承内圈装入轴中； ④重复装配另一侧轴承	轴承套筒、铜棒、手锤	注意装配方式
2	轴承与轴承座装配	将轴承（含轴）装入轴承座	铜棒、手锤	注意轴承座方向
3	固定轴承座	将轴承座安装在底板上	内六角扳手	—

四、设备装配基本知识

1. 装配要求

①必须按照设计、工艺要求及有关标准进行装配。

②装配环境必须保持清洁，特别是高精度产品的装配环境，温度、湿度、防尘量、照明和防震等都必须符合规定。

③所有零部件（包括外购、外协件）必须具有检验合格证才能进行装配。

④零件在装配前必须清理和清洗干净，不得有毛刺、飞边、氧化皮、锈蚀、切屑、砂粒、灰尘和油污等，并应符合相应的清洁度要求。

⑤装配过程中零件不得磕碰、划伤和锈蚀。

⑥各零部件装配后相对位置应准确，相对运动的零件，在装配时接触面间应加润滑油（脂）。

2. 装配锥齿轮机构

请利用内六角扳手、橡胶锤、螺丝刀、圆螺母扳手、外用卡簧钳等工具，按表 7-4 完成锥齿轮机构的装配。

表 7-4　装配锥轮机构

序号	内容	技术要求	使用工具	备注
1	装配固定端轴承座透盖	透盖止口与轴承外圈无间隙	铜棒、手锤、内六角扳手	—

续表

序号	内容	技术要求	使用工具	备注
2	装配游动端轴承座透盖	透盖止口与轴承外圈有0.3~0.5mm间隙	铜棒、手锤、内六角扳手	—
3	装配链轮	工艺规范	内六角扳手	—
4	装配质量检测	锥齿轮轴径向跳动≤0.05mm	百分表	—
		锥齿轮轴轴向窜动≤0.05mm	百分表	—
		链轮端面跳动≤0.1mm	百分表	—
5	润滑	传动部位充分润滑	润滑油	—

【任务评价】

任务名称：拆装锥齿轮机构			学习评价表		姓名：		
					学号：		
组号			作业时间：				
序号	任务内容及要求		配分	评分标准	自评	互评	师评
1	工作安全与作业准备	识读锥齿轮机构图纸	4	正确完成得分，否则不得分，违反安全规定此项不得分			
		熟悉锥齿轮机构零部件组成	3				
		正确选用工、量、辅具	3				
		进行操作前的安全检查	3				
		正确穿戴劳保用品	3				
		遵循机械装配操作规范	3				
2	拆卸锥齿轮机构	拆卸链轮	3	操作规范，暴力操作不得分			
		拆卸轴承座透盖	3	工艺规范，轴承损坏不得分			
		拆卸轴承座	3	螺钉对称拆卸，否则扣1分			
		零件清洗	3	清洗顺序正确，否则扣1分			

续表

序号	任务内容及要求		配分	评分标准	自评	互评	师评
3	拆卸轴承座	拆除轴承座	3	操作规范，暴力操作不得分			
		拆除锥齿轮轴	3	操作规范，暴力操作不得分			
		分离轴承内外隔圈	3	工艺规范，轴承损坏不得分			
		零件清洗	3	清洗顺序正确，否则扣 1 分			
4	轴承座装配	轴承与轴装配	3	利用套筒敲击轴承内圈，直接敲击不得分			
		轴承与轴承座装配	3	利用套筒敲击轴承外圈，直接敲击不得分			
		固定轴承座	3	螺钉对称拆卸，否则扣 1 分			
5	装配锥齿轮机构	装配固定端轴承座透盖	3	止口与轴承外圈无间隙，否则扣 1 分			
		装配游动端轴承座透盖	3	止口间隙 0.3 ~ 0.5mm，超差扣 1 分			
		装配链轮	3	注意保护配合面，否则扣 1 分			
		装配质量检测	4	径向跳动≤0.05mm			
			4	轴向窜动≤0.05mm			
			4	端面跳动≤0.1mm			
		润滑	3	传动部位充分润滑			
6	素质素养评价	操作规范	3	酌情赋分，但违反课堂纪律，不听从组长、教师安排，不得分			
		严谨细心	3				
		吃苦耐劳	3				
		团队协助	3				
		自我学习	3				
7	成长评价	职业素养成长	3	根据任务完成情况单独酌情赋分			
		知识学习成长	3				
		实践技能成长	3				
总分：							
学生：			组长：		教师：		

【注意事项】

①安装和拆卸应严格地按规程进行，并采用正确的方法和适当的工具。

②轴承的安装要在干燥、清洁的环境条件下进行。安装之前应准备好所有的部件、工具及设备，并确定好各相关零件的安装顺序。

③安装前应仔细检查轴和外壳的配合表面、凸肩的端面、沟槽和连接表面的加工质量。所有配合连接表面必须仔细清洗并除去手刺，铸件未加工表面必须除净型砂。

④在安装准备工作没有完成前，不要拆开轴承的包装，以免污染。

任务二 拆装变速箱

【任务描述】

变速箱是用来改变来自发动机的转速和转矩的机构，是机械传动中常见的部件，它通过固定或分挡改变输出轴和输入轴传动比，从而达到改变转速的目的，在机床、汽车等设备中广泛应用。因此，了解变速箱的工作原理，掌握其拆装的基本规范，具有很重要的意义。今天我们来学习如何对变速箱进行拆装、调整和精度检测，实现改变转速，保证传动部位正常运转。

【任务目标】

知识目标：

1. 了解变速箱的工作原理。
2. 掌握变速箱装配工艺流程及规范。
3. 了解变速箱常见故障和装配精度检测要点。

技能目标：

1. 熟练使用拆卸工具，如活扳手、内六角扳手、拉拔器、螺丝刀、手锤等对变速箱进行拆装。
2. 正确使用工量具，如拆卸套筒、塞尺等对变速箱进行装配精度检测。
3. 正确判断变速箱常见故障，学会修复方法。

素养目标：

1. 培养学生严谨、细致的工作态度，掌握科学有效的工作方法。
2. 培养学生养成安全文明生产的习惯。
3. 培养学生团结协作、质量意识和精益求精的工匠精神。

【任务准备】

一、设备、工具准备

①使用设备：THMDZT-1 型机械装调技术综合实训装置。

②使用的工量具：内六角扳手、橡胶锤、螺丝刀、拉马、圆螺母扳手、外用卡簧钳、防锈油、轴承套筒、紫铜棒、一字螺丝刀等。

二、图纸及技术要求

1. 拆装图纸

变速箱图纸如图 7-8 所示。

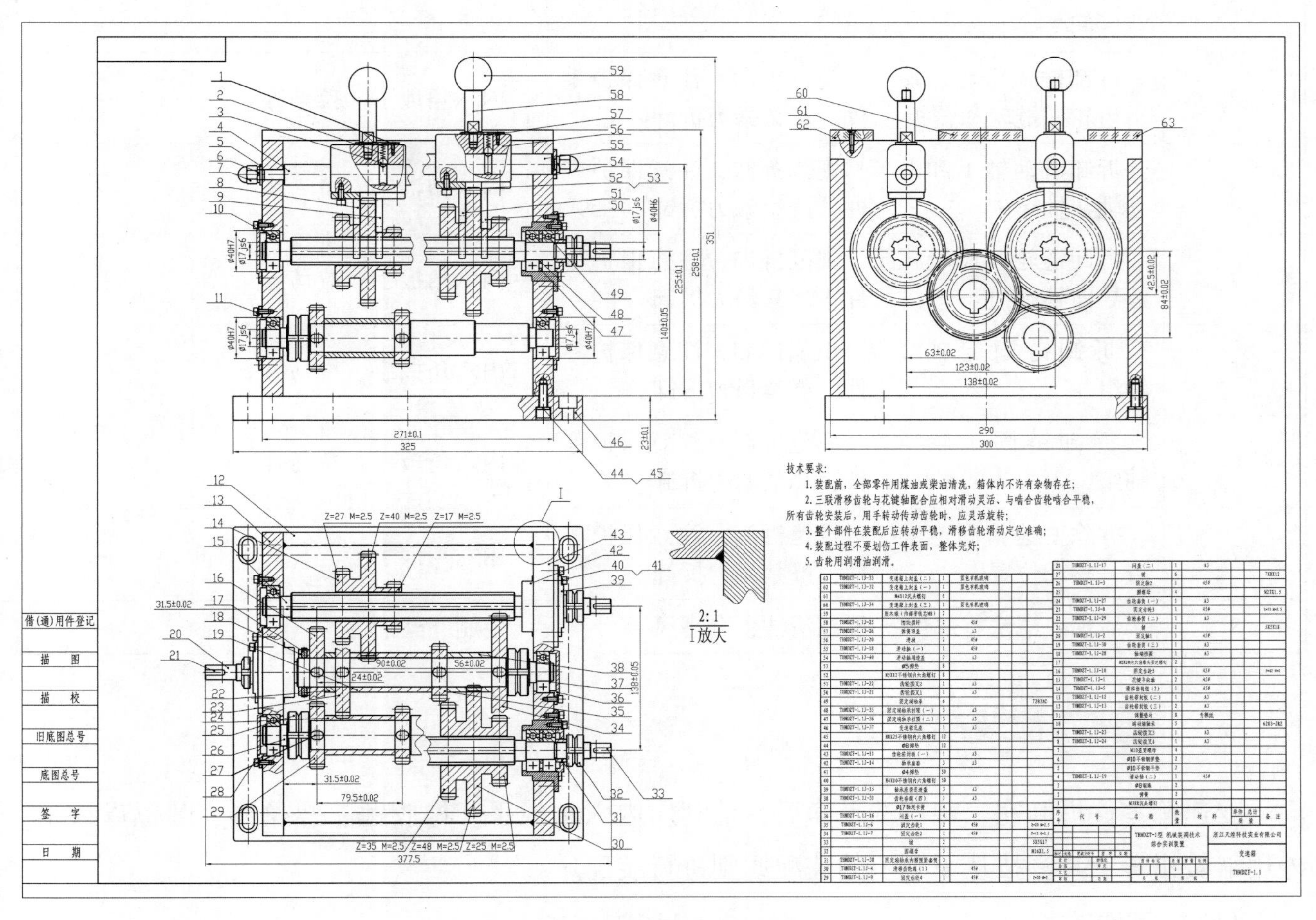

图 7-8　变速箱图纸（大图见附图 1）

2. 技术要求

①装配前，全部零件用煤油或柴油清洗；

②所有齿轮安装后应转动灵活，不允许有卡阻、爬行现象，滑移齿轮滑动定位准确；

③齿轮啮合齿面宽度差不得超过5%，各轴径向跳动≤0.05mm、轴向窜动≤0.05mm；

④拆装过程不要划伤工件表面，传动部位有进行润滑。

【任务实施】

一、变速箱的拆卸

请利用内六角扳手、橡胶锤、螺丝刀、拉马、圆螺母扳手、外用卡簧钳等工具，按表7-5进行变速箱的拆卸。

表7-5 变速箱的拆卸

序号	内容	技术要求	使用工具	备注
1	准备拆卸现场和作业区间	规范摆放、整洁有序	—	—
2	拆卸输入带轮、输出齿轮、链轮和盖板	规范拆卸，注意保护零件，严禁暴力拆卸	内六角扳手、拉马等	—
3	拆卸滑动轴1和滑动轴2轴组	规范拆卸，注意保护零件，严禁暴力拆卸	内六角扳手、拉马等	—
4	拆卸链轮和齿轮花键导向轴轴组	规范拆卸，注意保护零件，严禁暴力拆卸	内六角扳手、拉马等	—
5	拆卸链固定轴1轴组	规范拆卸，注意保护零件，严禁暴力拆卸	内六角扳手、拉马等	—
6	拆卸链固定轴2轴组	规范拆卸，注意保护零件，严禁暴力拆卸	内六角扳手、拉马等	—
7	拆除变速箱固定螺钉，移动位置	规范拆卸，注意保护零件，严禁暴力拆卸	内六角扳手	—
8	清理、清洗零部件	规范清洗，合理风干	毛刷、柴油等	—

二、变速箱的装配

变速箱零件拆卸完，待清洗干净后，请利用内六角扳手、橡胶锤、螺丝刀、圆螺母扳手、外用卡簧钳等工具，按从下到上的装配原则进行装配。

（一）工作准备

①熟悉图纸和零件清单、装配任务；

②检查文件和零件的完备情况；

③选择合适的工、量具；

④用清洁布清洗零件。

（二）变速箱的装配步骤

变速箱的装配按箱体装配的方法进行装配，按从下到上的装配原则进行装配。

1. 变速箱底板和变速箱箱体连接

用内六角螺钉（M8×25）加弹簧垫圈，把变速箱底板和变速箱箱体（见图 7-9）连接。

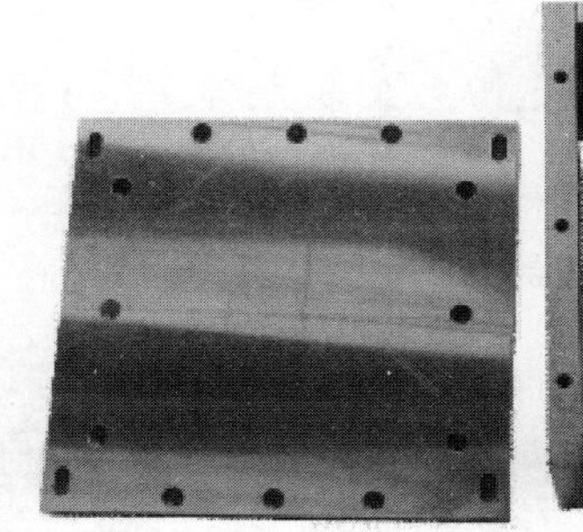

图 7-9　变速箱底板和变速箱箱体

2. 安装固定轴

用冲击套筒把深沟球轴承压装到固定轴（见图 7-10）一端，固定轴的另一端从变速箱箱体的相应内孔中穿过，把第一个键槽装上键，安装上齿轮，装好齿轮套筒，再把第二个键槽装上键并装上齿轮，装紧两个圆螺母（双螺母锁紧），挤压深沟球轴承的内圈把轴承安装在轴上，最后打上两端的闷盖，闷盖与箱体之间通过测量增加青壳纸，游动端一端不用测量直接增加 0. 3mm 厚的青壳纸。

图 7-10　固定轴

3. 主轴的安装

主轴如图 7-11 所示。将两个角接触轴承（按背靠背的装配方法）安装在轴上，中间加轴承内、外圈套筒。安装轴承座套和轴承透盖，轴承座套和轴承透盖之间通过测量增加厚度最接近的青壳纸。将轴端挡圈固定在轴上，按顺序安装四个齿轮和齿轮中间的齿轮套筒后，装紧两个圆螺母，轴承座套固定在箱体上，挤压深沟球轴承的内圈，把轴承安装在轴上，装上轴承闷盖，闷盖与箱体之间增加 0. 3mm 厚度的青壳纸，套上轴承内圈预紧套筒，最后通过调整圆螺母来调整两角接触轴承的预紧力。

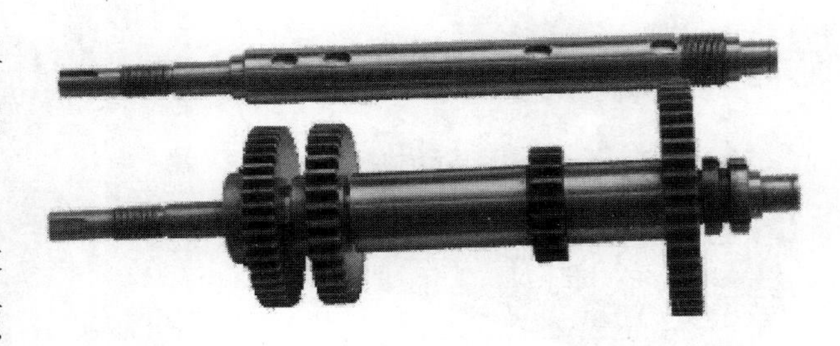

图 7-11　主轴

4. 花键导向轴的安装

花键导向轴如图 7-12 所示。把两个角接触轴承（按背靠背的装配方法）安装在轴上，中间加轴承内、外圈套筒。安装轴承座套和轴承透盖。轴承座套与轴承透盖之间通过测量增加厚度最接近的青壳纸。然后安装滑移齿轮组，轴承座套固定在箱体上，挤压轴承的内圈把深沟球轴承安装在轴

图 7-12　花键导向轴的安装

上，装上轴用弹性挡圈和轴承闷盖，闷盖与箱体之间增加 0.3mm 厚度的青壳纸。套上轴承内圈预紧套筒，最后通过调整圆螺母来调整两角接触轴承的预紧力。

5. 滑块拨叉的安装

把拨叉安装在滑块上，安装滑块滑动导向轴，装上 $\phi8$ 的钢球，放入弹簧，盖上弹簧顶盖，装上滑块拨杆和胶木球（见图 7-13）。调整两滑块拨杆的左右距离来调整齿轮的错位。滑块拨叉和滑块如图 7-14 所示。

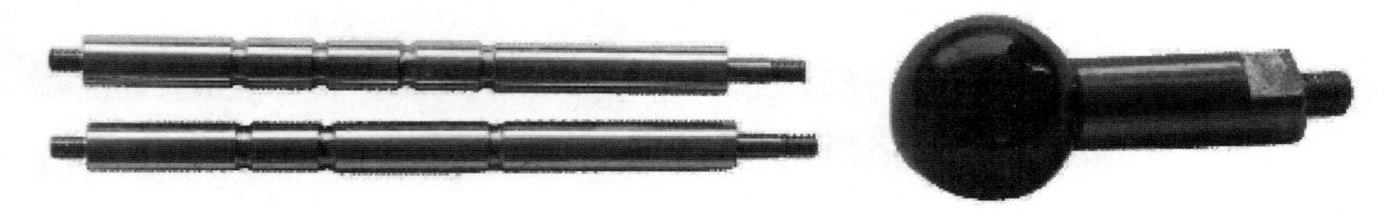

图 7-13　滑块拨杆和胶木球

6. 精度检测

如图 7-15 所示，利用塞尺检测各齿轮啮合齿面宽度差≤0.2mm，利用百分表检测固定轴 1 输入端和花键导向轴的输出端的径向跳动≤0.05mm，轴向窜动≤0.05mm。然后，安装固定轴 1 上的带轮、两花键导向轴上的链轮和齿轮。

图 7-14　滑块拨叉和滑块

图 7-15　检测齿轮啮合面宽度差

7. 空转检查和润滑

转动固定轴 1，检查各传动部位运转情况，若有卡阻、爬行现象，进行对应的调整，然后，对应传动部位进行合适的润滑，最后完成上盖板的安装。

【任务评价】

任务名称：拆装变速箱			学习评价表		姓名： 学号：		
组号			作业时间：				
序号	任务内容及要求		配分	评分标准	自评	互评	师评
1	工作安全与作业准备	识读变速箱图纸	4	正确完成得分，否则不得分，违反安全规定此项不得分			
		熟悉变速箱零部件组成	3				
		正确选用工、量、辅具	3				
		进行操作前的安全检查	3				
		正确穿戴劳保用品	3				
		遵循机械装配操作规范	3				
2	变速箱的拆卸	拆卸输入带轮、输出齿轮、链轮和盖板	2	操作规范，暴力操作不得分			
		拆卸拆滑动轴 1 和滑动轴 2 轴组	2	工艺规范，轴承损坏不得分			
		拆卸链轮和齿轮花键导向轴轴组	2	螺钉对称拆卸，否则扣 1 分			
		拆卸链固定轴 1 轴组	3	操作规范，暴力操作不得分			
		拆卸链固定轴 2 轴组	3	操作规范，暴力操作不得分			
		拆除变速箱固定螺钉，移动位置	2	操作规范，暴力操作不得分			
		零件清洗	3	清洗顺序正确，否则扣 1 分			
3	变速箱的装配	装配变速箱箱体	3	操作规范，连接可靠，具有安全隐患不得分			
		装配固定轴 2 组件	3	操作规范，工艺正确，暴力操作不得分			
		装配固定轴 1 组件	3	操作规范，工艺正确，暴力操作不得分			
		装配齿轮侧花键导向轴组件	3	操作规范，工艺正确，暴力操作不得分			
		装配链轮侧花键导向轴组件	3	操作规范，工艺正确，暴力操作不得分			

续表

序号	任务内容及要求		配分	评分标准	自评	互评	师评
3	变速箱的装配	装配滑动轴 1 组件	3	操作规范，工艺正确，暴力操作不得分			
		装配滑动轴 2 组件	3	操作规范，工艺正确，暴力操作不得分			
		装配拨叉换挡机构	3	操作规范，工艺正确，暴力操作不得分			
		装配上盖板	3	操作规范，工艺正确，暴力操作不得分			
		装配带轮、链轮和输出齿轮	3	操作规范，工艺正确，暴力操作不得分			
4	装配质量和精度检测	各齿轮啮合面宽度差	3	≤0.2mm			
		各轴径向跳动	3	≤0.05mm			
		各轴轴向窜动	3	≤0.05mm			
		空转检查	3	运转灵活无卡阻			
		换挡检查	3	换挡灵活无卡死			
		润滑	3	传动部位充分润滑			
4	素质素养评价	操作规范	2	酌情赋分，但违反课堂纪律，不听从组长、教师安排，不得分			
		严谨细心	2				
		吃苦耐劳	2				
		团队协助	2				
		自我学习	2				
5	成长评价	职业素养成长	2	根据任务完成情况单独酌情赋分			
		知识学习成长	2				
		实践技能成长	2				
总分：							
学生：			组长：		教师：		

【注意事项】

①安装和拆卸应严格地按规程进行，并采用正确的方法和适当的工具。

②变速箱的安装要在保证安全的前提下进行，安装之前应准备好所有的部件、工具及设备，并确定好各相关零件的安装顺序。

③变速箱零部件的安装与调整要同时进行，避免出现安装完毕后，部分精度不合格，需要返工的现象。

④所有配合连接表面必须仔细清洗并除去手刺，一般先清洗精密配合面，然后清洗一般配合面，最后清洗其他表面。

⑤在安装过程中，注意检查零件的质量，对于损坏的零件，要及时更换。

任务三　拆装二维工作台

【任务描述】

随着科学技术的发展和自动化程度提高，对于物料运输部件的精度也要求越来越高，二维工作台的出现很好地解决了这一问题。二维工作台主要由滚珠丝杆、直线导轨等组成，分上下两层，上、下层均可独立控制，以实现工作台往复运行。掌握二维工作台拆装和精度调整，有助于我们掌握机械设备的精度调整技巧与方法，下面，让我们一起来学习二维工作台的拆装、调整与检测。

【任务目标】

知识目标：

1. 了解滚珠丝杆基本结构。
2. 掌握二维工作台装配工艺流程及规范。
3. 了解二维工作台装配精度检测要点。

技能目标：

1. 熟练使用拆卸工具，如活扳手、内六角扳手、拉拔器、螺丝刀、手锤等对二维工作台进行拆装。
2. 正确使用工量具，如拆卸套筒、塞尺等对二维工作台进行装配精度检测。
3. 学会二维工作台装配精度与运动精度的调整方法。

素养目标：

1. 培养学生严谨、细致的工作态度，掌握科学有效的工作方法。
2. 培养学生养成安全文明生产的习惯。
3. 培养学生团结协作、质量意识和精益求精的工匠精神。

【任务准备】

一、设备、工具准备

①使用设备：THMDZT-1 型机械装调技术综合实训装置。

②使用的工量具：内六角扳手、橡胶锤、螺丝刀、拉马、圆螺母扳手、外用卡簧钳、防锈油、轴承套筒、紫铜棒、一字螺丝刀等。

二、图纸及技术要求

1. 拆装图纸

二维工作台图纸如图 7-16 所示。

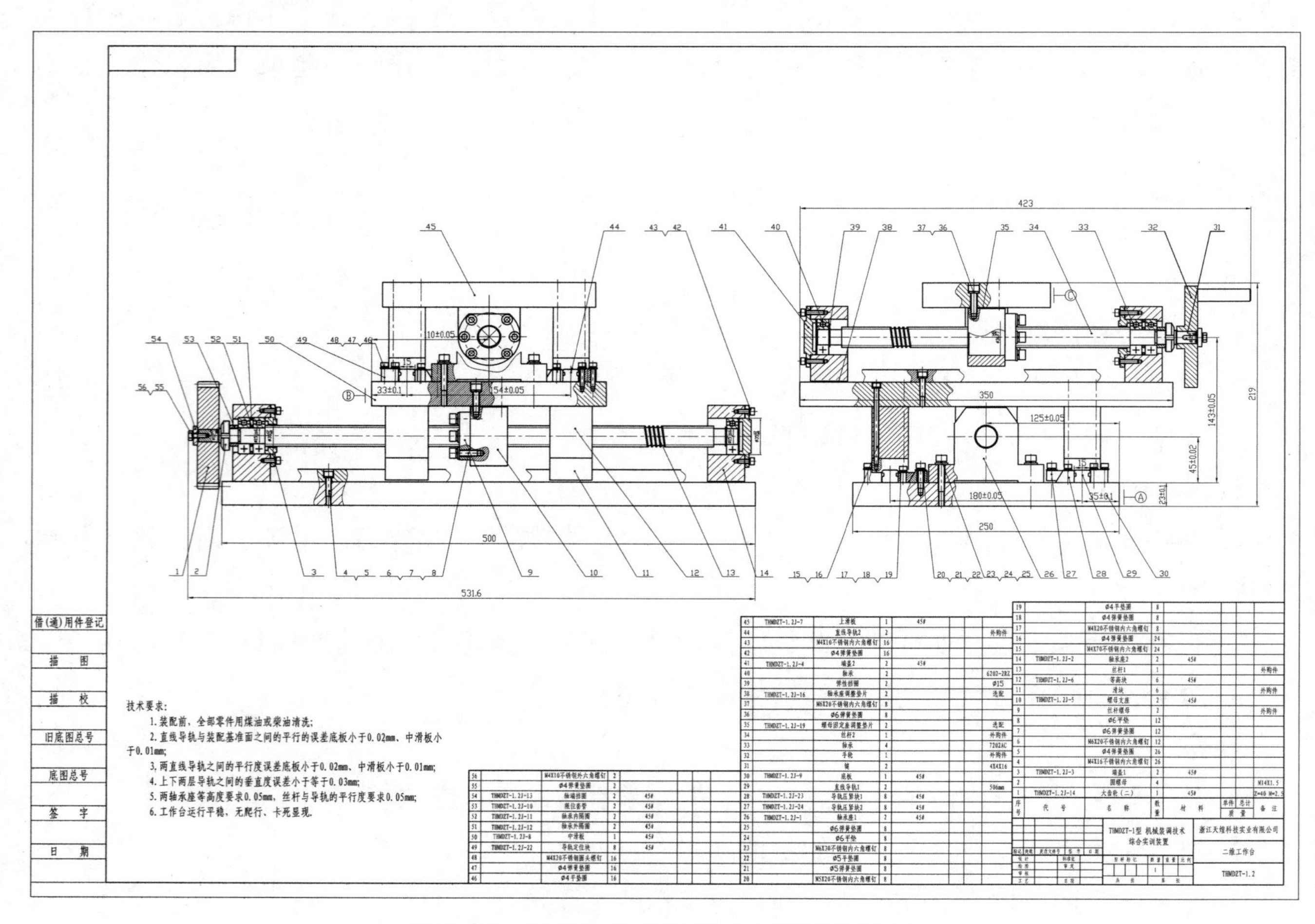

图 7-16　二维工作台图纸（大图见附图 2）

2. 技术要求

①装配前，全部零件用煤油或柴油清洗；

②直线导轨与装配基准面之间的平行度误差底板≤0.02mm、中滑板≤0.01mm；

③两直线导轨之间的平行度误差底板≤0.02mm、中滑板≤0.01mm；

④上下两层导轨之间的垂直度误差小于或等于0.03mm；

⑤两轴承座等高度要求0.05mm，丝杆与导轨的平行度要求0.05mm；

⑥传动部位润滑，工作台运行平稳，无爬行、卡死现象。

【任务实施】

一、二维工作台的拆卸

请利用内六角扳手、橡胶锤、螺丝刀、拉马、圆螺母扳手、外用卡簧钳等工具，按表7-6进行变速箱的拆卸。

表7-6　二维工作台的拆卸

序号	内容	技术要求	使用工具	备注
1	准备拆卸现场和作业区间	规范摆放、整洁有序	—	—
2	拆卸手轮和直齿圆柱齿轮	规范拆卸，注意保护零件，严禁暴力拆卸	内六角扳手、拉马等	—
3	拆卸上滑板和等高块	规范拆卸，注意保护零件，严禁暴力拆卸	内六角扳手	—
4	拆卸中滑板直线导轨和滚珠丝杆	规范拆卸，直线导轨和滚珠丝杆不得拆散	内六角扳手	—
5	拆卸中滑板和等高块	规范拆卸，注意保护零件，严禁暴力拆卸	内六角扳手、拉马等	—
6	拆卸下滑板直线导轨和滚珠丝杆	规范拆卸，直线导轨和滚珠丝杆不得拆散	内六角扳手、拉马等	—
7	拆除下滑板固定螺钉，移动位置	规范拆卸，注意保护零件，严禁暴力拆卸	内六角扳手	—
8	清理清洗零部件	规范清洗，合理风干	毛刷、柴油等	—

二、二维工作台的装配

二维工作台零件拆卸完，待清洗干净后，请利用内六角扳手、橡胶锤、螺丝刀、圆螺母扳手、外用卡簧钳等工具，按从下到上的装配原则进行装配。

（一）工作准备

①熟悉图纸和零件清单、装配任务；

②检查文件和零件的完备情况；

③选择工、量具；

④用清洁布清洗零件；

⑤螺钉、平垫片、弹簧垫圈等的准备。

（二）变速箱的装配步骤

变速箱的装配按箱体装配的方法进行装配，按从下到上的装配原则进行装配。

1. 安装下滑板直线导轨

①用深度游标卡尺测量导轨到基准面的距离（见图 7-17），使导轨到基准面 A 距离达到图纸要求，导轨侧面到基准面 A 的距离为（27.5±0.05）mm。

②将杠杆式百分表吸在已安装的直线导轨滑块上，百分表的测量头打在基准面 A 上，沿直线导轨滑动滑块，使导轨与基准面之间的平行度≤0.02mm，将导轨螺丝及固定装置拧紧固定导轨。导轨与基准面平行度测量如图 7-18 所示。

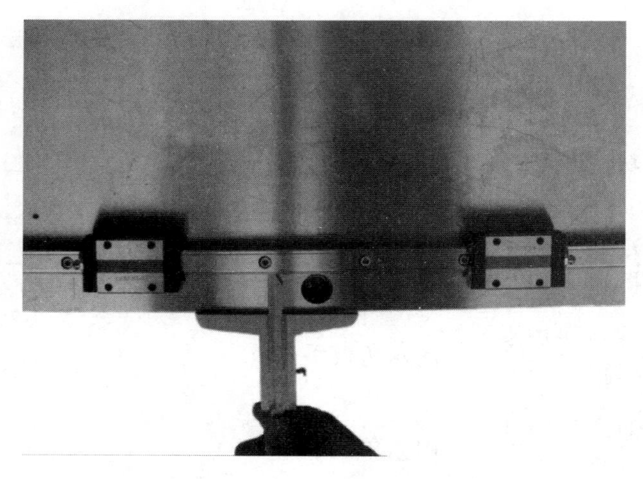

图 7-17　测量导轨侧面到基准面的距离

图 7-18　导轨与基准面平行度测量

③安装下滑板另一直线导轨，用游标卡尺测量两导轨之间的距离（见图 7-19），将两导轨的距离调整到（210±0.05）mm，并检测两导轨平行度≤0.02mm，如图 7-20 所示。

图 7-19　测量两导轨间的距离

图 7-20　测量两导轨平行度

2. 安装下滑板滚珠丝杆

①用螺钉将丝杆螺母支座固定在丝杆的螺母上，丝杆两端轴承安装示意图如图 7-21 所示。

②将两个角接触轴承和深沟球轴承安装在丝杆的相应位置上。注意，安装两角接触轴承之

前，应先把轴承座透盖装在丝杆上，丝杆轴承座安装示意图如图 7-22 所示。

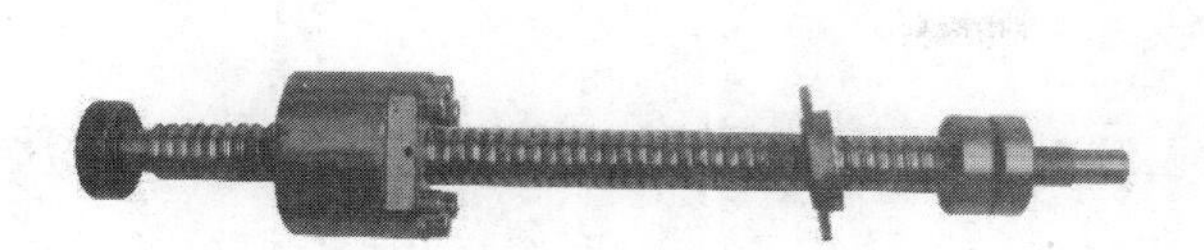

图 7-21　丝杆两端轴承安装示意图

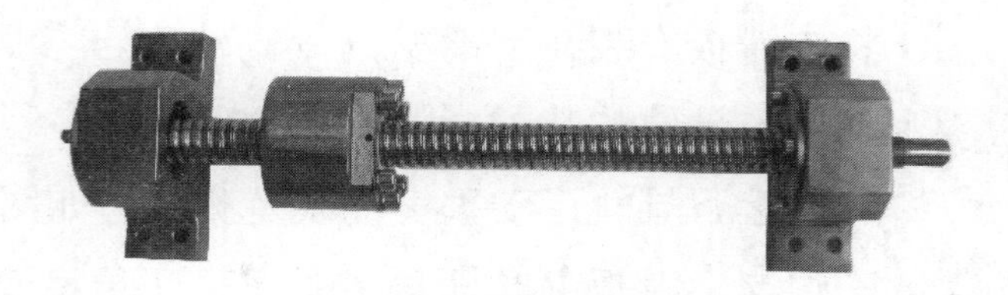

图 7-22　丝杆轴承座安装示意图

③将丝杆安装在轴承座上。检测端盖与轴承座的间隙，选择合适的青壳纸垫片，安装在端盖与轴承座之间，如图 7-23 所示。

④用 M6×30 内六角螺丝，将轴承座预紧在底板上。然后，丝杆主动端的限位套管、圆螺母、齿轮装在丝杆上面，方便丝杆的转动。

⑤测量滚珠丝杆两端等高，用百分表测量丝杆螺母靠近两轴承座处的上母线，通过比较两处高差值，从而确定丝杆两端等高度，然后调整，要求丝杆两端高度差≤0.05mm，如图 7-24 所示。

图 7-23　下滑板零件安装示意图

图 7-24　百分表调整丝杆两端等高

⑥调整滚珠丝杆与直线导轨的平行度和对称度（见图 7-25）。用百分表测量丝杆螺母靠近两轴承座处的侧母线，使丝杆与直线导轨平行且对称，根据测量值进行调整，要求平行度≤0.05mm，对称度≤0.1mm，调整完毕后，拧紧轴承座螺钉，将轴承座固定。

⑦将四个等高块放在导轨滑块上，调节导轨滑块的位置，将等高块固定在直线导轨的滑块上。至此，完成下滑板的安装，如图 7-26 所示。

图 7-25　调整滚珠丝杆与直线导轨的平行度和对称度

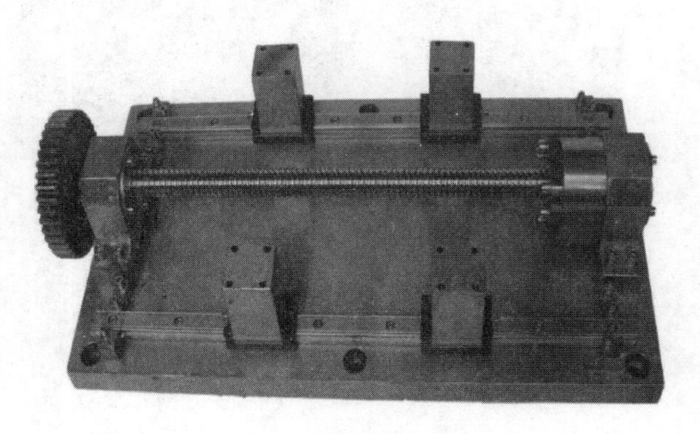

图 7-26　下滑板安装完毕示意图

3. 安装中滑板零部件

①将中滑板安装在下滑板的等高块上，参照下滑板中导轨、丝杆的装配的方法，完成中滑板上丝杆与导轨的装配，如图 7-27 所示。

②调整上下导轨运动垂直度误差测量，如图 7-28 所示，用大磁性百分表座固定 90°角尺，角尺的一边与中滑板上丝杆紧贴在一起（角尺面一定与导轨贴牢靠）。百分表触头打在角尺的另一边上，移动中滑板，调整中滑板，使上下导轨的垂直度误差≤0.03mm。

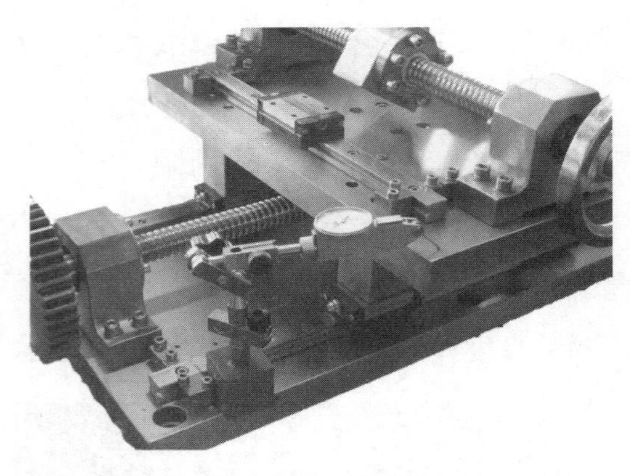

图 7-27　安装中滑板零部件示意图

图 7-28　上、中滑板垂直度调整

4. 上滑板装配与运动精度检测

①将上滑板安装在中滑板的等高块上，完成整个工作台的安装。

②安装完成后，可对二维工作台的垂直度进行检验。将直角尺放在上滑板上，通过杠杆表调整直角尺的位置，使角尺的一个边与工作台的一个运动方向平行［见图 7-29（a）］，然后把杠杆表打在角尺的另一个边上，使二维工作台沿另一个方向运动［见图 7-29（b）］，观察杠杆表读数的变化，此值即为二维工作台的垂直度。

（a）　　（b）

图 7-29　二维工作台运动垂直度检查示意图

【任务评价】

任务名称：拆装二维护工作台			学习评价表		姓名：		
					学号：		
组号			作业时间：				
序号	任务内容及要求		配分	评分标准	自评	互评	师评
1	工作安全与作业准备	识读二维工作台图纸	3	正确完成得分，否则不得分，违反安全规定此项不得分			
		熟悉直线导轨和滚珠丝杆结构	3				
		正确选用工、量、辅具	3				
		进行操作前的安全检查	3				
		正确穿戴劳保用品	3				
		遵循机械装配操作规范	3				
2	二维工作台的拆卸	拆卸手轮和直齿圆柱齿轮	2	操作规范，暴力操作不得分			
		拆卸上滑板和等高块	2	操作规范，螺钉未对称拆卸，扣 1 分			
		拆卸中滑板直线导轨和滚珠丝杆	2	工艺规范，直线导轨和滚珠丝杆拆解不得分			
		拆卸中滑板和等高块	2	操作规范，螺钉未对称拆卸，扣 1 分			
		拆卸下滑板直线导轨和滚珠丝杆	2	工艺规范，直线导轨和滚珠丝杆拆解不得分			
		拆除下滑板固定螺钉，移动位置	3	操作规范，螺钉未对称拆卸，扣 1 分			
		零件清洗	2	清洗顺序正确，否则扣 1 分			
3	二维工作台下滑板装配	基准 A 直线导轨与基准 A 平行度误差≤0.02mm	3	每超差 0.01mm，扣 1 分			
		下滑板两直线导轨中心距为（180±0.05）mm	3	每超差 0.01mm，扣 1 分			
		下滑板两直线导轨平行，误差≤0.02mm	3	每超差 0.01mm，扣 1 分			
		滚珠丝杆两端等高，误差≤0.03mm	3	每超差 0.01mm，扣 1 分			

续表

序号	任务内容及要求		配分	评分标准	自评	互评	师评
3	二维工作台下滑板装配	滚珠丝杆与基准直线导轨平行，误差≤0.05mm	3	每超差0.01mm，扣1分			
		滚珠丝杆与两直线导轨对称，误差≤0.1mm	3	每超差0.01mm，扣1分			
4	二维工作台中滑板装配	基准B直线导轨与基准B平行度误差≤0.02mm	3	每超差0.01mm，扣1分			
		中滑板两直线导轨中心距为（154±0.05）mm	3	每超差0.01mm，扣1分			
		中滑板两直线导轨平行，误差≤0.02mm	3	每超差0.01mm，扣1分			
		滚珠丝杆两端等高，误差≤0.03mm	3	每超差0.01mm，扣1分			
		滚珠丝杆与基准直线导轨平行，误差≤0.05mm	3	每超差0.01mm，扣1分			
		滚珠丝杆与两直线导轨对称，误差≤0.1mm	3	每超差0.01mm，扣1分			
5	二维工作台上滑板装配	完成两等高块安装	2	安装可靠，螺钉未对称拧紧扣1分			
		完成上滑板的安装	2	安装可靠，螺钉未对称拧紧扣1分			
6	运动精度检测	中滑板基准B与下滑板基准A垂直度≤0.05mm	3	每超差0.01mm，扣1分			
		二维工作台运动垂直度检测≤0.5mm	3	检测方法正确，每超差0.01mm，扣1分			
		传动部位充分润滑	2	一处未润滑扣0.5分			
7	素质素养评价	操作规范	2	酌情赋分，但违反课堂纪律，不听从组长、教师安排，不得分			
		严谨细心	2				
		吃苦耐劳	2				
		团队协助	2				
		自我学习	2				
8	成长评价	职业素养成长	3	根据任务完成情况单独酌情赋分			
		知识学习成长	3				
		实践技能成长	3				
总分：							
学生：			组长：		教师：		

【注意事项】

①安装和拆卸应严格地按规程进行，并采用正确的方法和适当的工具。

②直线导轨预紧时，螺钉的尾部应全部陷入沉孔，否则拖动滑块时螺钉尾部与滑块发生摩擦，将导致滑块损坏。

③滚珠丝杆的螺母禁止旋出丝杆，否则将导致螺母损坏。轴承的安装方向必须正确。

④所有配合连接表面必须仔细清洗并除去毛刺，一般先清洗精密配合面，然后清洗一般配合面，最后清洗其他表面。

⑤在安装过程中，注意检查零件的质量，对于损坏的零件，要及时更换。

任务四 拆装减速器

【任务描述】

在现代的机械设备中，我们往往需要降低原动机转速，增大输出扭矩，降低负载的惯量等，以满足工作需要。减速器能够很好地实现这一功能，它的工作原理是当电机的输出转速从主动轴输入后，带动小齿轮转动，而小齿轮带动大齿轮转动，而大齿轮的齿数比小齿轮多，大齿轮的转速比小齿轮慢，再由大齿轮的轴（输出轴）输出，从而起到输出减速的作用。今天我们来学习如何对减速器进行拆装、调整和精度检测，实现改变转速的目的，保证传动部位正常运转。

【任务目标】

知识目标：

1. 了解减速器的工作原理。

2. 掌握减速器装配工艺流程及规范。

3. 了解常见故障和装配精度检测要点。

技能目标：

1. 熟练使用拆卸工具，如活扳手、内六角扳手、拉拔器、螺丝刀、手锤等对变速箱进行拆装。

2. 正确使用工量具，如拆卸套筒、塞尺等对变速箱进行装配精度检测。

3. 正确判断减速器常见故障，学会修复方法。

素养目标：

1. 培养学生严谨、细致的工作态度，掌握科学有效的工作方法。

2. 培养学生养成安全文明生产的习惯。

3. 培养学生团结协作、质量意识和精益求精的工匠精神。

【任务准备】

一、设备、工具准备

①使用设备：THMDZT-1 型机械装调技术综合实训装置。

②使用的工量具：内六角扳手、橡胶锤、螺丝刀、拉马、圆螺母扳手、外用卡簧钳、防锈油、轴承套筒、紫铜棒、一字螺丝刀等。

二、图纸及技术要求

1. 拆装图纸

减速器图纸如图 7-30 所示。

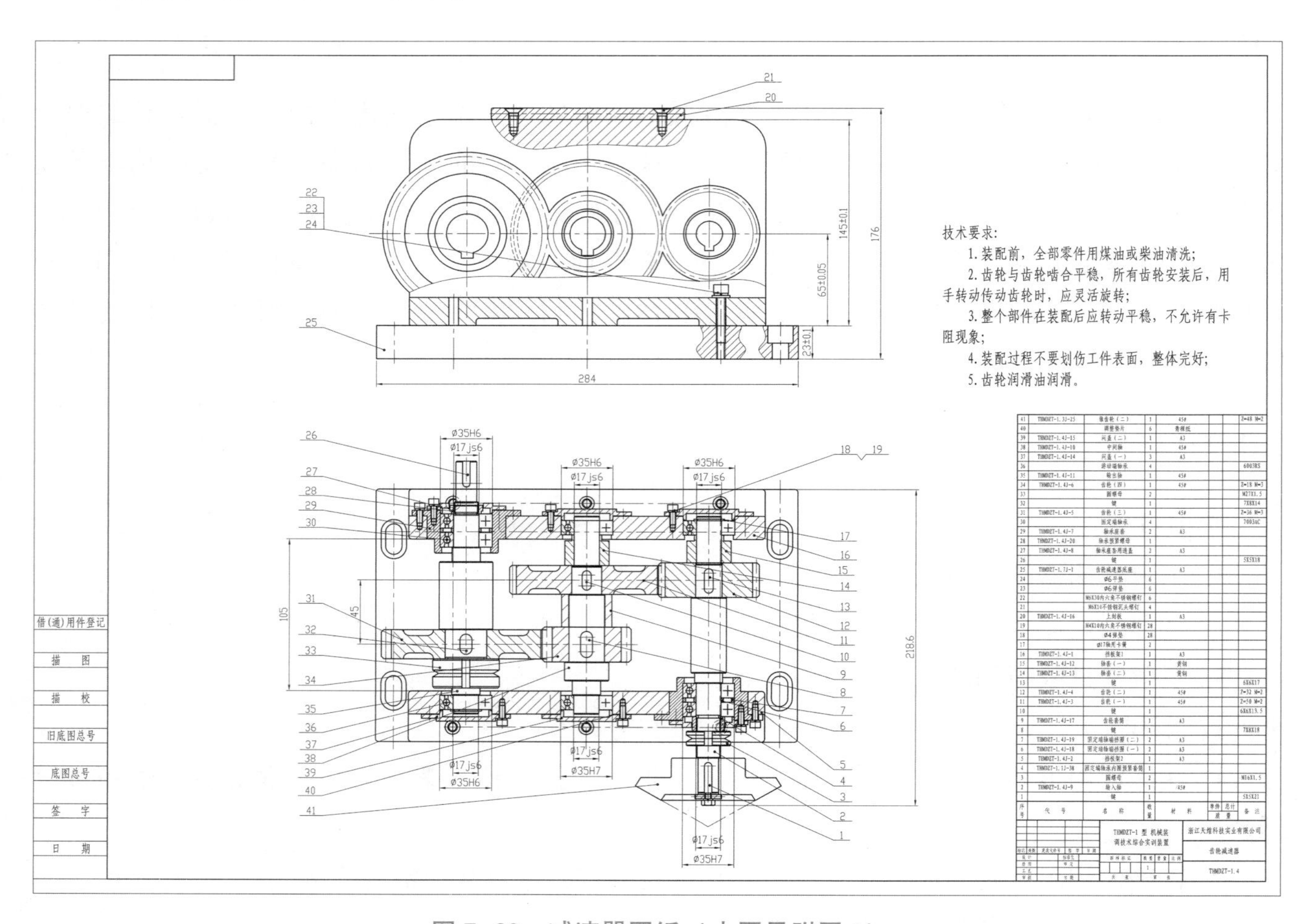

图 7-30　减速器图纸（大图见附图 3）

2. 技术要求

①装配前，全部零件用煤油或柴油清洗；

②齿轮与齿轮啮合平稳，所有齿轮安装后，用手转动传动齿轮时，应灵活旋转；

③装配完毕后左右挡板平行度≤0.1mm，任意两齿轮啮合间隙0.03~0.08mm；

④拆装过程不要划伤工件表面，传动部位有进行润滑。

【任务实施】

一、减速器的拆卸

请利用内六角扳手、橡胶锤、螺丝刀、拉马、圆螺母扳手、外用卡簧钳等工具，按表7-7进行减速器的拆卸。

表7-7 减速器的拆卸

序号	内容	技术要求	使用工具	备注
1	准备拆卸现场和作业区间	规范摆放、整洁有序	—	—
2	拆卸上封板、输入轴链轮和输出轴锥齿轮	规范拆卸，注意保护零件，严禁暴力拆卸	内六角扳手、拉马等	—
3	拆卸输入轴组件	规范拆卸，注意保护零件，严禁暴力拆卸	内六角扳手、拉马等	—
4	拆卸输出轴组件	规范拆卸，注意保护零件，严禁暴力拆卸	内六角扳手、拉马等	—
5	拆卸中间轴组件	规范拆卸，注意保护零件，严禁暴力拆卸	内六角扳手、拉马等	—
6	拆卸减速器箱体	规范拆卸，注意保护零件，严禁暴力拆卸	内六角扳手、拉马等	—
7	清理、清洗零部件	规范清洗，合理风干	毛刷、柴油等	—

二、减速器的装配

减速器零件拆卸完，待清洗干净后，请利用内六角扳手、橡胶锤、螺丝刀、圆螺母扳手、外用卡簧钳等工具，按从下到上，从内到外的原则进行装配。

（一）工作准备

①熟悉图纸和零件清单、装配任务；

②检查文件和零件的完备情况；

③选择合适的工量具；

④用清洁布清洗零件。

（二）减速器的装配步骤

减速器的装配按照箱体装配的方法进行，按从下到上，从内到外的原则进行装配。

1. 左右挡板的安装

将左右挡板固定在齿轮减速器底座上，如图 7-31 所示，并粗调减速箱体挡板平行度，如图 7-32 所示。

图 7-31　挡板的安装

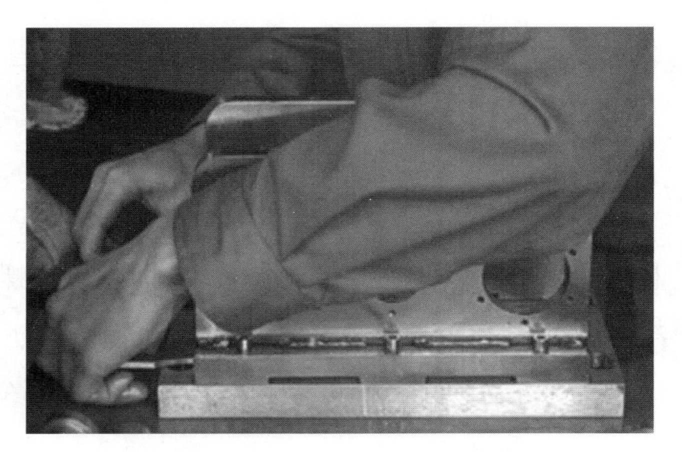
图 7-32　粗调挡板平行度

2. 中间轴的安装

把深沟球轴承压装到固定轴一端，安装两个齿轮和齿轮中间齿轮套筒及轴套后如图 7-33 所示，挤压深沟球轴承的内圈把轴承安装在轴上，最后打上两端的闷盖。

3. 输入轴的安装

将两个角接触轴承（按背靠背的装配方法）安装在输入轴上，如图 7-34 所示，轴承中间加轴承内、外圈套筒。安装轴承座套和轴承透盖。安装好齿轮和轴套后，轴承座套固定在箱体上，挤压深沟球轴承的内圈把轴承安装在轴上，装上轴承闷盖，套上轴承内圈预紧套筒。最后通过调整圆螺母来调整两角接触轴承的预紧力。

图 7-33　中间轴的安装

图 7-34　输入轴的安装

4. 输出轴的安装

将两个角接触轴承（按背靠背的装配方法）安装在输出轴上，如图 7-35 所示，轴承中间加轴承内、外圈套筒。安装轴承座套和轴承透盖。安装好齿轮后，装紧两个圆螺母，挤压深沟球轴承的内圈把轴承安装在轴上，装上轴承闷盖，套上轴承内圈预紧套筒。最后通过调整圆螺母来调整两角接触轴承的预紧力。

图 7-35　输出轴的安装

5. 精度检测

利用游标卡尺测量左右两挡板平行度≤0.1mm，任意两齿轮啮合间隙为 0.03~0.08mm，如图 7-36 和图 7-37 所示。

图 7-36　测量两挡板平行度

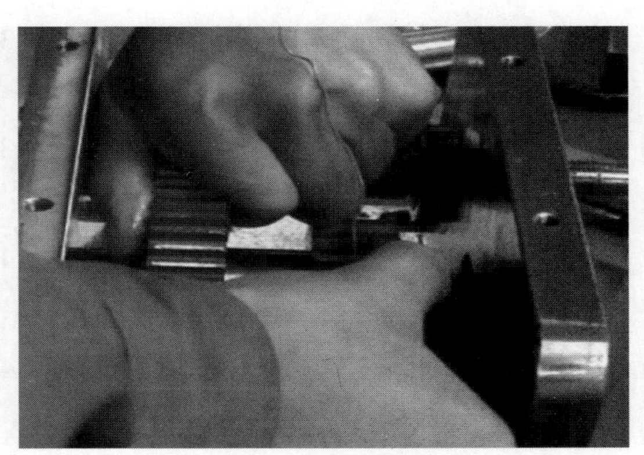

图 7-37　测量啮合间隙

6. 空转检查和润滑

转动输入轴，检查各传动部位运转情况，若有卡阻、爬行现象，进行对应的调整，然后，对应传动部位进行合适的润滑，最后完成上盖板的按照。

【任务评价】

<table>
<tr><td colspan="3" rowspan="2">任务名称：拆装减速器</td><td colspan="2" rowspan="2">学习评价表</td><td colspan="3">姓名：</td></tr>
<tr><td colspan="3">学号：</td></tr>
<tr><td>组号</td><td colspan="2"></td><td colspan="2">作业时间：</td><td colspan="3"></td></tr>
<tr><td>序号</td><td colspan="2">任务内容及要求</td><td>配分</td><td>评分标准</td><td>自评</td><td>互评</td><td>师评</td></tr>
<tr><td rowspan="6">1</td><td rowspan="6">工作安全与作业准备</td><td>识读减速器图纸</td><td>4</td><td rowspan="6">正确完成得分，否则不得分，违反安全规定此项不得分</td><td></td><td></td><td></td></tr>
<tr><td>熟悉减速器零部件组成</td><td>3</td><td></td><td></td><td></td></tr>
<tr><td>正确选用工、量、辅具</td><td>3</td><td></td><td></td><td></td></tr>
<tr><td>进行操作前的安全检查</td><td>3</td><td></td><td></td><td></td></tr>
<tr><td>正确穿戴劳保用品</td><td>3</td><td></td><td></td><td></td></tr>
<tr><td>遵循机械装配操作规范</td><td>3</td><td></td><td></td><td></td></tr>
</table>

续表

序号	任务内容及要求		配分	评分标准	自评	互评	师评
2	减速器的拆卸	拆卸上封板、输入轴链轮和输出轴锥齿轮	3	操作规范，暴力操作不得分			
		拆卸输入轴组件	3	操作规范，轴承损坏不得分			
		拆卸输出轴组件	3	操作规范，轴承损坏不得分			
		拆卸中间轴组件	3	操作规范，暴力操作不得分			
		拆卸减速器箱体	3	螺钉对称拆卸，否则扣1分			
		零件清洗	3	清洗顺序正确，否则扣1分			
3	减速器的装配	装配减速器左右挡板	4	操作规范，连接可靠，具有安全隐患不得分			
		装配中间轴组件	4	操作规范，工艺正确，暴力装配不得分			
		装配输入轴组件	4	操作规范，工艺正确，暴力装配不得分			
		装配输出轴组件	4	操作规范，工艺正确，暴力装配不得分			
		装配上盖板	4	操作规范，工艺正确，暴力装配不得分			
		装配链轮和锥齿轮	4	操作规范，工艺正确，暴力装配不得分			
4	装配质量和精度检测	左右两挡板平行度≤0.1mm	5	测量方法正确，两处测量求平均值			
		齿轮啮合间隙0.03～0.08mm	8	操作规范、测量准确			
		空转检查	5	运转灵活无卡阻			
		润滑	5	传动部位充分润滑			
5	素质素养评价	操作规范	2	酌情赋分，但违反课堂纪律，不听从组长、教师安排，不得分			
		严谨细心	2				
		吃苦耐劳	2				
		团队协助	2				
		自我学习	2				

续表

序号	任务内容及要求		配分	评分标准	自评	互评	师评
6	成长评价	职业素养成长	2	根据任务完成情况单独酌情赋分			
		知识学习成长	2				
		实践技能成长	2				
总分：							
学生：		组长：			教师：		

【注意事项】

①安装和拆卸应严格地按规程进行，并采用正确的方法和适当的工具。

②减速器的安装要在保证安全的前提下进行，安装之前应准备好所有的部件、工具及设备，并确定好各相关零件的安装顺序。

③减速器零部件的安装与调整要同时进行，避免出现安装完毕后，部分精度不合格，需要返工的现象。

④所有配合连接表面必须仔细清洗并除去手刺，一般先清洗精密配合面，然后清洗一般配合面，最后清洗其他表面。

⑤在安装过程中，注意检查零件的质量，对于损坏的零件，要及时更换。

任务五　拆装蜗轮蜗杆机构——分度转盘

【任务描述】

蜗轮蜗杆是一种常见的机械传动装置，用于传递交错轴之间的回转运动和动力，在现代机械设备中得到广泛应用。蜗轮和蜗杆通过啮合，蜗杆的回转运动会传递到蜗轮上，从而实现动力传递，因此，蜗轮蜗杆的啮合面必须保持较高精度，以确保传动效率和稳定性。如果装配不当，可能导致传动噪声、能量损失和寿命缩短。下面，让我们通过拆装分度转盘，重点学习蜗轮蜗杆的装配与调整。

【任务目标】

知识目标：

1. 了解分度转盘基本结构。
2. 掌握蜗轮蜗杆装配工艺流程及规范。
3. 了解蜗轮蜗杆装配精度检测要点。

技能目标：

1. 熟练使用拆卸工具，如活扳手、内六角扳手、拉拔器、螺丝刀、手锤等对分度转盘进行拆装。

2. 正确使用工量具，如拆卸套筒、塞尺等对分度转盘部件进行装配精度检测。

3. 学会蜗轮蜗杆中心重合装配与调整方法。

素养目标：

1. 培养学生严谨、细致的工作态度，掌握科学有效的工作方法。

2. 培养学生养成安全文明生产的习惯。

3. 培养学生团结协作、质量意识和精益求精的工匠精神。

【任务准备】

一、设备、工具准备

①使用设备：THMDZT-1 型机械装调技术综合实训装置。

②使用的工量具：内六角扳手、橡胶锤、螺丝刀、拉马、圆螺母扳手、外用卡簧钳、防锈油、轴承套筒、紫铜棒、一字螺丝刀等。

二、图纸及技术要求

1. 拆装图纸

蜗轮蜗杆机构图纸如图 7-38 所示。

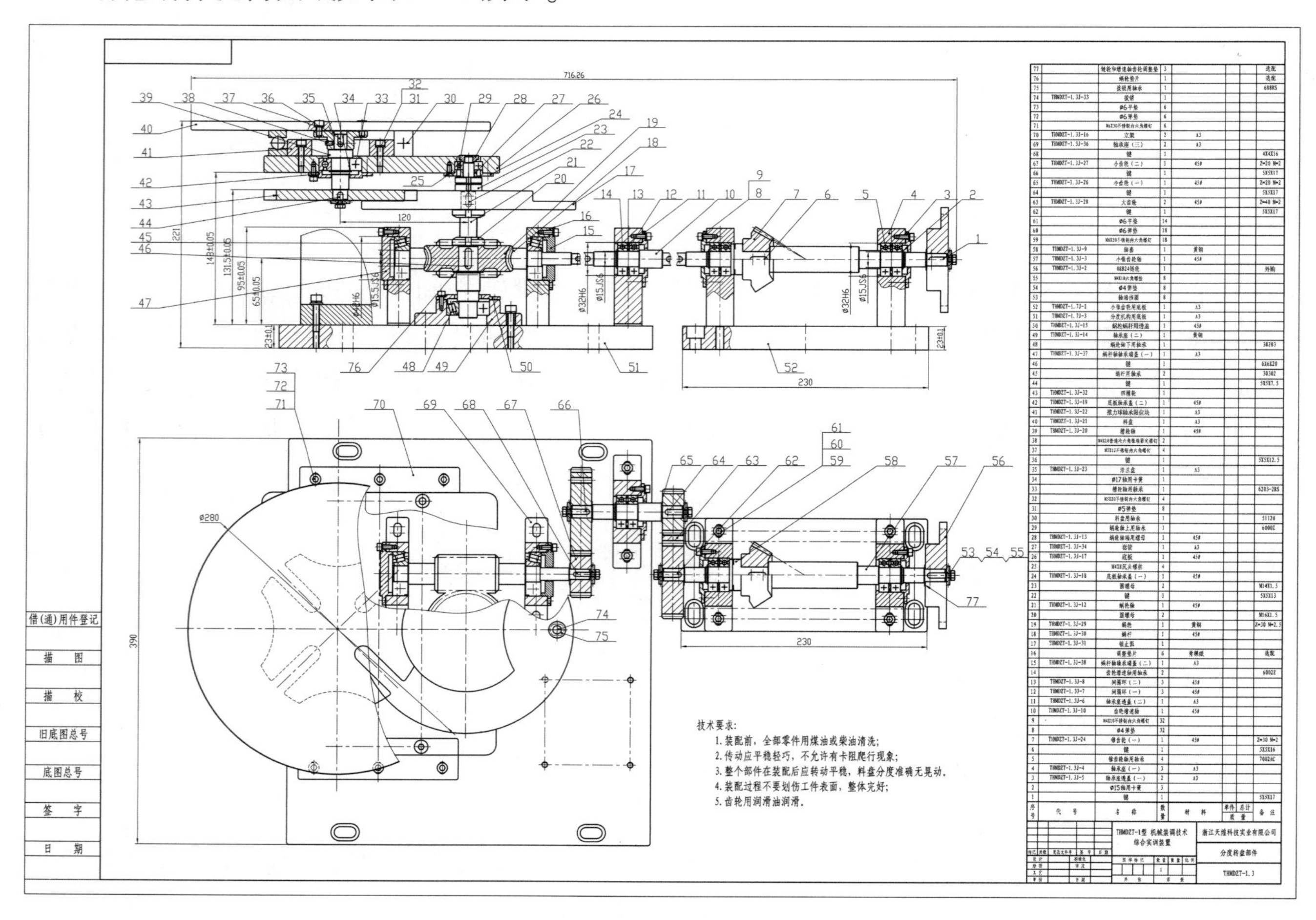

图 7-38　蜗轮蜗杆机构图纸（大图见附图 4）

2. 技术要求

①装配前，全部零件用煤油或柴油清洗；

②传动应平稳轻巧，不允许有卡、阻爬行现象；

③整个部件在装配后应转动平稳，蜗轮蜗杆中心高度差≤0.1mm，啮合间隙为0.03~0.08mm；

④传动部位润滑，工作台运行平稳，无爬行、卡死现象。

【任务实施】

一、蜗轮蜗杆机构——分度转盘的拆卸

请利用内六角扳手、橡胶锤、螺丝刀、拉马、圆螺母扳手、外用卡簧钳等工具，按表7-8进行蜗轮蜗杆机构——分度转盘的拆卸。

表7-8　蜗轮蜗杆机构——分度转盘的拆卸

序号	内容	技术要求	使用工具	备注
1	准备拆卸现场和作业区间	规范摆放、整洁有序	—	—
2	拆卸槽轮机构	规范拆卸，注意保护零件，严禁暴力拆卸	内六角扳手、拉马等	—
3	拆卸蜗轮组件	规范拆卸，注意保护零件，严禁暴力拆卸	内六角扳手	—
4	拆卸蜗杆轴承座	规范拆卸，直线导轨和滚珠丝杆不得拆散	内六角扳手	—
5	拆卸蜗杆轴	规范拆卸，注意保护零件，严禁暴力拆卸	内六角扳手、拉马等	—
6	清理、清洗零部件	规范清洗，合理风干	毛刷、柴油等	—

二、蜗轮蜗杆机构——分度转盘的装配

分度转盘零件拆卸完，待清洗干净后，请利用内六角扳手、橡胶锤、螺丝刀、圆螺母扳手、外用卡簧钳等工具，按从下到上的装配原则进行装配。

（一）工作准备

①熟悉图纸和零件清单、装配任务；

②检查文件和零件的完备情况；

③选择工、量具；

④用清洁布清洗零件；

⑤螺钉、平垫片、弹簧垫圈等的准备。

（二）分度转盘的装配步骤

分度转盘部件装配应遵循先局部后整体的安装方法，首先对分度机构进行安装，然后把

各个部件进行组合，完成整个工作台的装配。

1. 蜗杆的装配

①将圆锥滚子轴承内圈装在蜗杆两端，装配时要注意圆锥滚子内圈的方向。

②将圆锥滚子轴承外圈分别装在两个蜗杆轴轴承座孔内，并把两个蜗杆轴轴承座端盖分别固定在轴承座上。装配时要注意圆锥滚子外圈的方向。

③将蜗杆安装在两个轴承座上，并把两个轴承座固定在分度机构的底板上。

2. 蜗轮的装配

①将蜗轮用透盖装在蜗轮轴上，用轴承装配套筒将圆锥滚子轴承内圈装在蜗轮轴上。

②用轴承装配套筒将圆锥滚子的外圈装入轴承座中，将圆锥滚子轴承装入轴承座中，并将蜗轮透盖装在轴承座上。

③在蜗轮轴上安装蜗轮的部分安装相应的键，并将蜗轮装在轴上，然后用圆螺母固定。

3. 蜗轮蜗杆中心重合调整

①测量并计算蜗杆轴中心的高度。首先测量蜗杆靠近轴承座两端的高度，如图 7-39 所示，并求其平均值，然后测量蜗杆轴的直径，如图 7-40 所示，计算出蜗杆轴中心轴线的具体高度值。

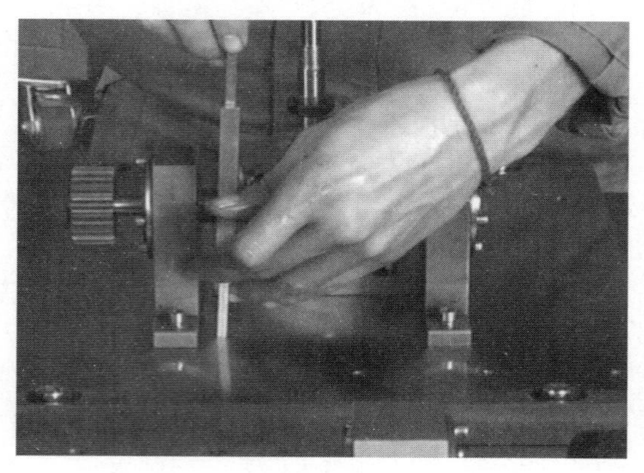

图 7-39　测量蜗杆两端高度值

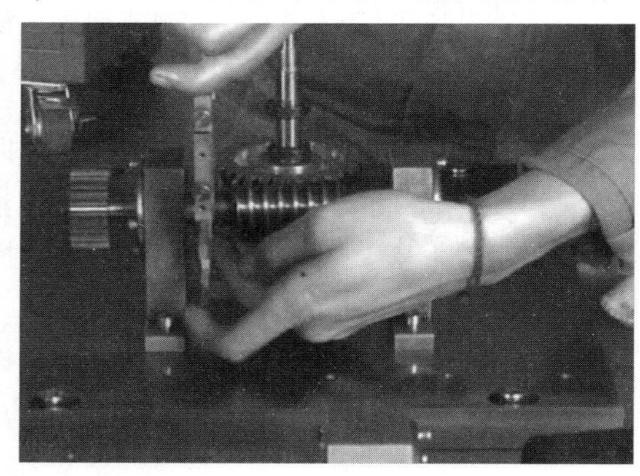

图 7-40　测量蜗杆轴直径

②测量并计算蜗轮中心的高度（见图 7-41）。首先用深度尺测量蜗轮上表面高度值，然后测量蜗轮轴线宽度值，计算出蜗轮中心的高度值。

③根据前面测量值，计算出蜗轮和蜗杆中心轴线高度差值，选择合适的铜片，垫合适的位置，保证蜗轮蜗杆中心重合，如图 7-42 所示。

图 7-41　蜗轮中心的高度值

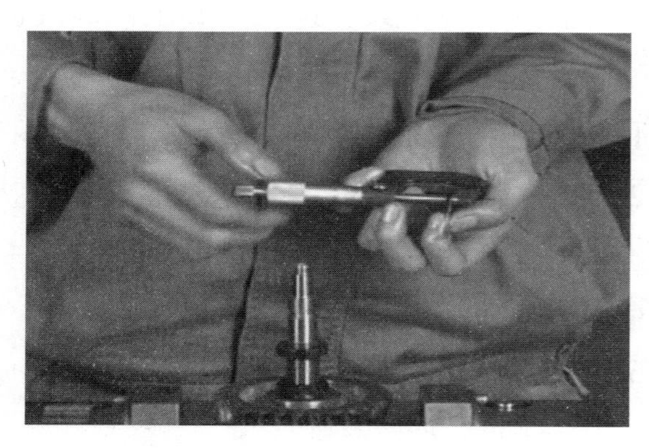

图 7-42　调整蜗轮蜗杆中心重合

4. 槽轮机构的装配

将锁止弧装配在蜗轮轴上，把立架装在间歇回转工作台用底板上。将装好轴承的槽轮轴安装在底板上，同时把蜗轮轴上用轴承也安装在底板上，装紧轴承透盖。装好推力球轴承限位块，分别把槽轮和法兰盘安装在槽轮轴的两端，把整个底板固定在立架上，注意槽轮与锁止弧的位置，最后装上推力球轴承和料盘。分度转盘部件装配图如图 7-43 所示。

5. 测量蜗轮蜗杆的啮合间隙值

固定蜗杆轴，将百分表的表针打在蜗轮的分度圆处，用手轻轻转动蜗轮，百分表针偏摆的最大幅度即蜗轮蜗杆的啮合间隙值。图 7-44 所示为测量蜗轮蜗杆的啮合间隙值。

图 7-43　分度转盘部件装配图

图 7-44　测量蜗轮蜗杆的啮合间隙值

【任务评价】

任务名称：拆装蜗轮蜗杆机构——分度转盘			学习评价表		姓名： 学号：		
组号			作业时间：				
序号	任务内容及要求		配分	评分标准	自评	互评	师评
1	工作安全与作业准备	识读分度转盘图纸	3	正确完成得分，否则不得分，违反安全规定此项不得分			
		熟悉蜗轮蜗杆装配结构	3				
		正确选用工、量、辅具	3				
		进行操作前的安全检查	3				
		正确穿戴劳保用品	3				
		遵循机械装配操作规范	3				
2	分度机构拆卸	拆卸槽轮机构	3	操作规范，暴力操作不得分			
		拆卸蜗轮组件	3	操作规范，暴力操作不得分			
		拆卸蜗杆轴承座	3	操作规范，螺钉未对称拆卸，扣 1 分			

续表

序号	任务内容及要求		配分	评分标准	自评	互评	师评
2	分度机构拆卸	拆卸蜗杆轴	3	操作规范，暴力操作不得分			
		零件清洗	2	清洗顺序正确，否则扣1分			
3	蜗轮蜗杆装配	圆锥滚子轴承内圈安装到蜗杆两端	3	操作规范，方向正确，暴力操作不得分			
		圆锥滚子轴承外圈安装到轴承座孔内	3	操作规范，方向正确，暴力操作不得分			
		将蜗杆组件固定在底盘上	3	安装牢靠，螺钉未对称拧紧扣1分			
		圆锥滚子轴承内圈安装蜗轮轴	3	操作规范，方向正确，暴力操作不得分			
		圆锥滚子轴承外圈装在蜗轮座孔中	3	操作规范，方向正确，暴力操作不得分			
		将蜗轮安装在蜗轮轴上	3	操作规范，暴力操作不得分			
4	蜗轮蜗杆中心重合调整	测量计算蜗杆中心高	3	测量准确，计算正确，否则不得分			
		测量计算蜗轮中心高	3	测量准确，计算正确，否则不得分			
		测量中心高度差值	3	计算正确，否则不得分			
		选择垫片调整，高度差≤0.1mm	3	工艺规范，每超差0.01mm，扣1分			
5	槽轮机构装配	安装槽轮机构	5	操作规范，暴力操作不得分			
		安装料盘	5	操作规范，暴力操作不得分			
6	蜗轮蜗杆啮合精度检测	测量蜗轮蜗杆的啮合间隙为0.03~0.08mm	3	测量方法正确，每超差0.01mm，扣1分			
		空转检查	3	运转灵活无卡阻			
		润滑	3	传动部位充分润滑			

续表

序号	任务内容及要求		配分	评分标准	自评	互评	师评
7	素质素养评价	操作规范	2	酌情赋分，但违反课堂纪律，不听从组长、教师安排，不得分			
		严谨细心	2				
		吃苦耐劳	2				
		团队协助	2				
		自我学习	2				
8	成长评价	职业素养成长	3	根据任务完成情况单独酌情赋分			
		知识学习成长	3				
		实践技能成长	3				
总分：							
学生：			组长：		教师：		

【注意事项】

①安装和拆卸应严格地按规程进行，并采用正确的方法和适当的工具。

②安装圆锥滚子轴承时，要特别注意轴承内、外圈的方向，不要装反。

③测量蜗杆中心高时，要测量两端求平均值，以提高装配精度，测量蜗轮中心高时，不要加太大的力，以防蜗轮发生倾斜，造成测量误差。

④所有配合连接表面必须仔细清洗并除去毛刺，一般先清洗精密配合面，然后清洗一般配合面，最后清洗其他表面。

⑤在安装过程中，注意检查零件的质量，对于损坏的零件，要及时更换。

参考文献

[1] 王猛，崔陵．机械常识与钳工实训[M]．北京：高等教育出版社，2010.

[2] 王幼龙，孙簃．机械制图[M]．5 版．北京：高等教育出版社，2021.

[3] 厉萍，曹恩芬．钳工工艺与技能训练[M]．北京：机械工业出版社，2019.

[4] 刘治伟．装配钳工工艺学[M]．北京：机械工业出版社，2020.

[5] 孙德志．机械设计基础课程设计[M]．北京：科学出版社，2006.

[6] 束德林．工程材料力学性能[M]．北京：机械工业出版社，2007.

[7] 盛晓敏，邓朝晖．先进制造技术[M]．北京：机械工业出版社，2000.

[8] 王炳荣，汪永成．机械常识与钳工技能[M]．北京：电子工业出版社，2016.

[9] 刘荣珍，赵军．机械制图[M]．3 版．北京：科学出版社，2018.

[10] 钱可强，邱坤．机械制图[M]．北京：机械工业出版社，2010.

[11] 廖希亮．机械制图[M]．北京：机械工业出版社，2016.

[12] 朱东华．机械设计基础[M]．北京：机械工业出版社，2003.

[13] 王宁．机械设计基础[M]．北京：机械工业出版社，2006.

[14] 孙桓，陈作模．机械原理[M]．北京：高等教育出版社，2000.

[15] 吴承建，陈国良．金属材料学[M]．北京：冶金工业出版社，2009.

[16] 袁志钟．金属材料学[M]．3 版．北京：化学工业出版社，2019.